멘사퍼즐 두뇌게임

• 《멘사퍼즐 두뇌게임》은 멘사코리아의 감수를 받아 출간한 영국멘사 공인 퍼즐 책입니다.

MENSA : BRAIN TRAINING by MENSA

Text © Mensa 2019
Design © Carlton Books Limited 2019
All rights reserved.
Korean translation copyright © 2020 BONUS Publishing Co.
Korean translation rights are arranged with Carlton Books Limited through AMO Agency.

MENSA
멘사퍼즐 두뇌게임
PUZZLE

멘사코리아 감수

존 브렘너 지음

보누스

| 멘사퍼즐을 풀기 전에

《멘사퍼즐 두뇌게임》의 세계에 오신 것을 진심으로 환영합니다. 이 책은 두뇌를 활성화하고 융합 사고력을 키워주는 것은 물론, 일상에서도 꾸준히 뇌 단련 프로그램으로 활용할 수 있도록 여러분을 도와줄 것입니다. 130개의 흥미진진한 두뇌 퍼즐이 여러분을 기다리고 있습니다. 몇 초면 풀 수 있는 매우 쉬운 문제도 있고, 하루 종일 머리를 싸매도 풀기 어려운 문제까지 골고루 들어 있지요.

사람에 따라 문제의 난이도가 완전히 다르게 다가올 것입니다. 성격이나 해결 방향에 따라서도 어떤 퍼즐 유형은 쉽고, 어떤 유형은 어렵다고 느껴지겠지요. 같은 유형이지만 풀이법이 완전히 달라지는 문제도 있습니다. '이건 아까 봤던 문제와 같은 패턴이잖아?'라고 생각해 똑같은 방법으로 접근했다가는 문제를 풀어낼 수 없을지도 모릅니다. 이것이 정교하게 제작된 멘사퍼즐의 매력이기도 하지요.

문제를 풀다 막힐 때가 있다면, 잠시 멈추고 다른 퍼즐 유형을 풀어보다가 다시 본래의 문제로 돌아와 이어서 풀어보길 바랍니다. 때로는 이렇게 머리를 환기하는 것만으로도 번뜩이는 영감을 얻을 수 있을 것입니다. 풀다가 도저히 뚫어낼 수 없을 정도로 꽉 막히는 문제가 생기더라도

걱정하지 마세요. 그럴 때를 대비해 최후의 수단으로 책에 친절한 해답을 실어놓았습니다.

쉽게 실마리를 찾지 못하는 문제를 만나 해답 페이지에 손이 갈 수도 있겠지요. 하지만 영영 풀지 못할 것 같은 퍼즐을 끈질기게 붙잡고 늘어지면서 마침내 정답을 구해냈을 때의 쾌감은 그 무엇과도 바꿀 수 없는 즐거움입니다. 여러분이 그 즐거움을 온전히 느낄 수 있으면 좋겠습니다.

짧게는 며칠이나 일주일, 길게는 몇 달이 걸리더라도 꾸준히 퍼즐을 풀어보세요. 성취감과 자신감은 물론, 일상의 크고 작은 문제를 해결하는 능력까지 몰라보게 달라지리라 믿습니다. 더불어 이 책이 여러분의 일상을 새롭게 바꾸는 활력소가 된다면 더할 나위 없이 기쁠 것입니다.

흥미로운 두뇌 게임을 즐기며 두뇌를 단련해보시기 바랍니다!

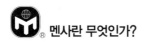

멘사란 무엇인가?

멘사란 '탁자'를 뜻하는 라틴어로, 지능지수 상위 2% 이내(IQ 148 이상)의 사람만 가입할 수 있는 천재들의 모임이다. 1946년 영국에서 창설되어 현재 100여 개국 이상에 14만여 명의 회원이 있다. 멘사코리아는 1998년에 문을 열었다. 멘사의 목적은 다음과 같다.

- 첫째, 인류의 이익을 위해 인간의 지능을 탐구하고 배양한다.
- 둘째, 지능의 본질과 특징, 활용처 연구에 힘쓴다.
- 셋째, 회원들에게 지적·사회적으로 자극이 될 만한 환경을 마련한다.

IQ 점수가 전체 인구의 상위 2%에 해당하는 사람은 누구든 멘사 회원이 될 수 있다. 우리가 찾고 있는 '50명 가운데 한 명'이 혹시 당신은 아닌지?

멘사 회원이 되면 다음과 같은 혜택을 누릴 수 있다.

- 국내외의 네트워크 활동과 친목 활동
- 예술에서 동물학에 이르는 각종 취미 모임
- 매달 발행되는 회원용 잡지와 해당 지역의 소식지
- 게임 경시대회, 친목 도모 등을 위한 지역 모임
- 주말마다 열리는 국내외 모임과 회의
- 지적 자극에 도움이 되는 각종 강의와 세미나
- 여행객을 위한 세계적인 네트워크인 'SIGHT' 이용 가능

멘사에 대한 좀 더 자세한 정보는 멘사코리아의 홈페이지를 참고하기 바란다.

- 홈페이지 : www.mensakorea.org

차 례

멘사퍼즐을 풀기 전에 ··· 4

멘사란 무엇인가? ··· 6

문제 ··· 9

해답 ··· 173

MENSA PUZZLE

멘사퍼즐 두뇌게임

문 제

다섯 개의 도형 중 어느 하나만 나머지와 다르다. 그 도형은 보기 A~E 중 어느 것일까?

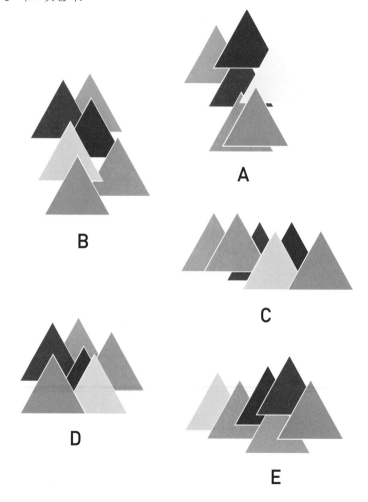

A

B

C

D

E

숫자들이 일정한 규칙에 따라 배치되어 있다. 물음표 자리에 들어갈 숫자는 무엇일까?

003

그림이 일정한 규칙에 따라 나열되어 있다. 그림 F 다음에 올 그림은 보기 G~I 중 어느 것일까?

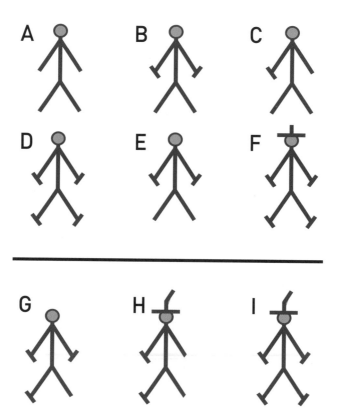

마지막 저울의 균형을 맞추려면 물음표 자리에 어떤 그림이 몇 개 들어
가야 할까?

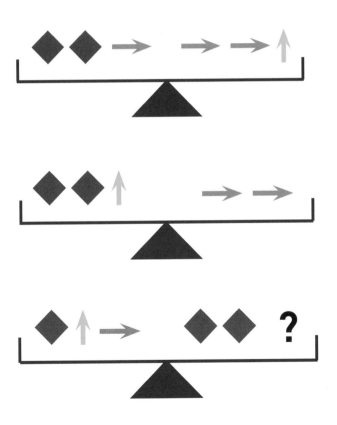

005

아래 전개도로 만들 수 없는 주사위는 보기 A~E 중 어느 것일까?

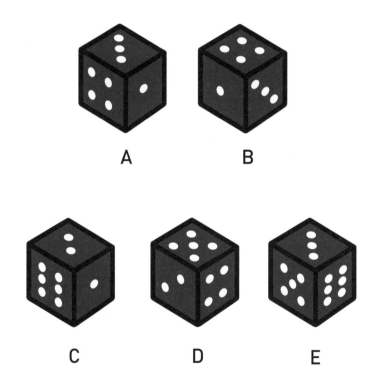

A   B

C   D   E

숫자들이 일정한 규칙에 따라 배치되어 있다. 물음표 자리에 들어갈 숫자는 무엇일까?

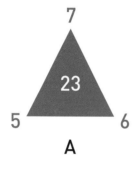

A

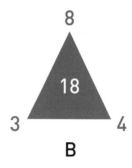

B

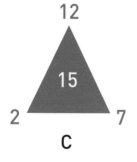

C

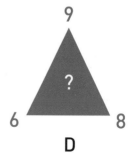

D

그림 안에 숫자들이 일정한 규칙에 따라 배치되어 있다. 물음표 자리에 들어갈 숫자는 무엇일까?

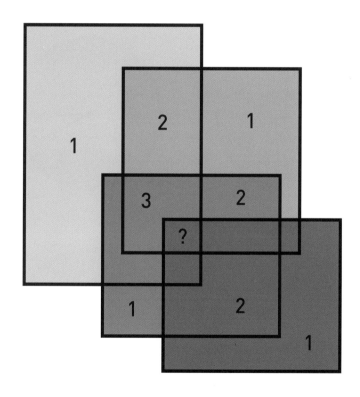

시계는 차례대로 일정한 규칙에 따라 움직인다. 4번 시계는 몇 시 몇 분을 가리켜야 할까?

1

2

3

4

답:175쪽

모든 타일을 잘 배치하면 각 가로줄과 세로줄에 나열되는 숫자가 서로 똑같은 정사각형이 만들어진다. 예를 들면 첫 번째 가로줄과 첫 번째 세로줄에 나열된 숫자가 서로 같다. 타일은 뒤집거나 회전할 수 없으며 지금 놓인 모양 그대로 사용해야 한다. 타일을 어떻게 배치해야 할까?

도형의 관계를 파악해보자. 빈칸에 들어갈 도형은 보기 A~D 중 어느 것일까?

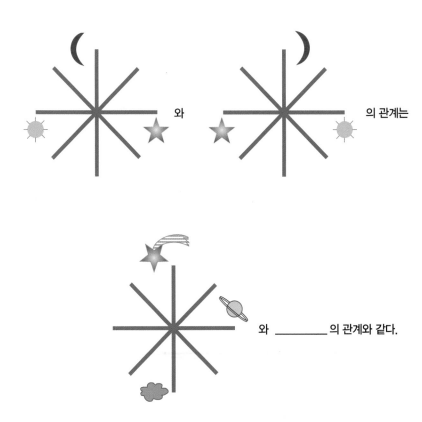

와 _____ 의 관계와 같다.

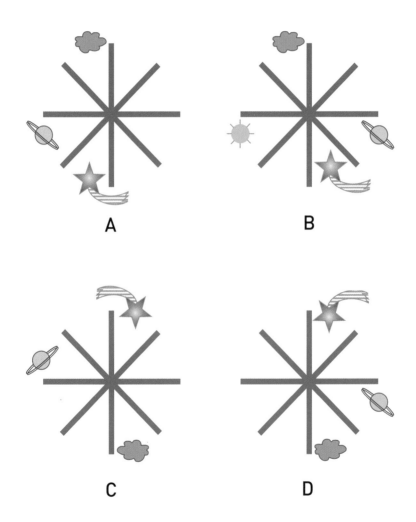

A

B

C

D

다섯 개의 도형 중 어느 하나만 나머지와 다르다. 그 도형은 보기 A~E 중 어느 것일까?

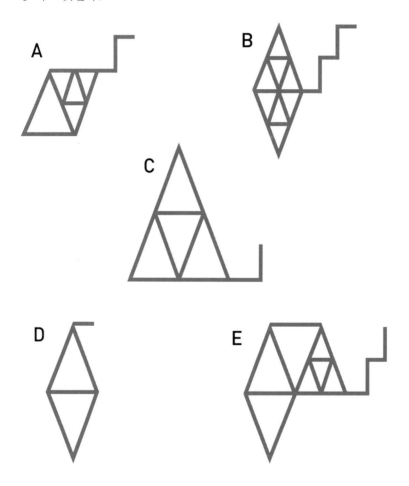

숫자들이 일정한 규칙에 따라 배치되어 있다. 물음표 자리에 들어갈 숫자는 무엇일까?

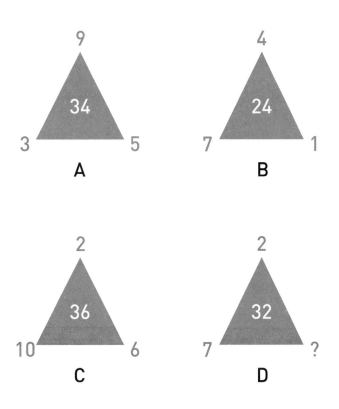

숫자들이 일정한 규칙에 따라 배치되어 있다. 물음표 자리에 들어갈 숫자는 무엇일까?

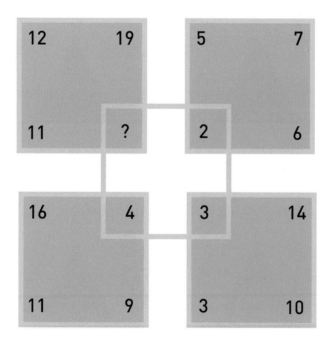

정육면체의 면 A~O 중에서 같은 숫자가 적힌 짝을 찾아야 한다. 무엇과 무엇일까?

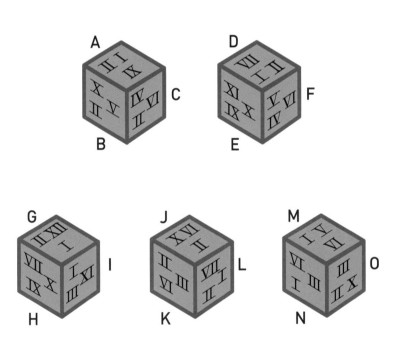

모든 타일을 잘 배치하면 각 가로줄과 세로줄에 나열되는 기호가 서로 똑같은 정사각형이 만들어진다. 예를 들면 첫 번째 가로줄과 첫 번째 세로줄에 나열된 기호가 서로 같다. 타일은 뒤집거나 회전할 수 없으며 지금 놓인 모양 그대로 사용해야 한다. 타일을 어떻게 배치해야 할까?

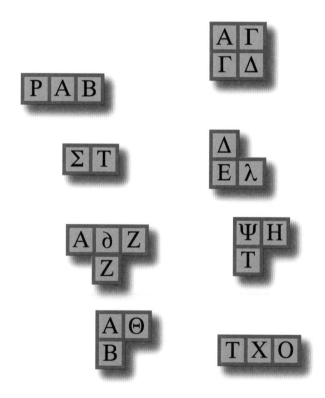

016

각 칸의 기호는 숫자를 나타내며, 그림 밖의 숫자들은 그 줄에 있는 기호를 더한 값이다. 물음표 자리에 들어갈 숫자는 무엇일까?

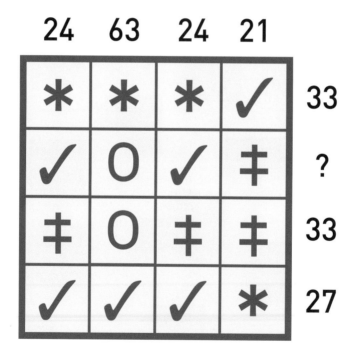

시계는 차례대로 일정한 규칙에 따라 움직인다. 3번 시계는 몇 시 몇 분을 가리켜야 할까?

숫자들이 일정한 규칙에 따라 배치되어 있다. 물음표 자리에 들어갈 숫자는 무엇일까?

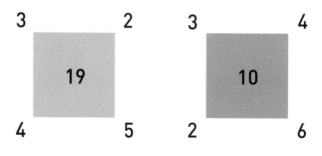

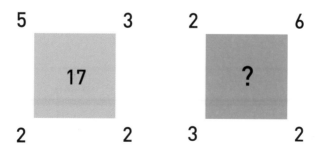

019

두 원에 쓰인 숫자가 서로 같은 값이 되도록 물음표 자리에 × 또는 ÷를 넣어야 한다. 단 그 값은 1보다 커야 하며, ×와 ÷는 중복해서 사용해도 상관없다. 연산 부호를 어떻게 넣어야 할까?

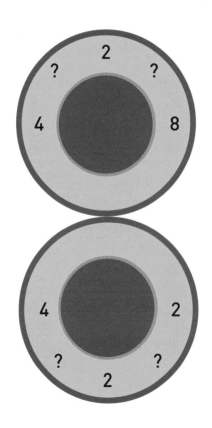

아홉 개의 도형 중 어느 하나만 나머지와 다르다. 그 도형은 보기 A~I
중 어느 것일까?

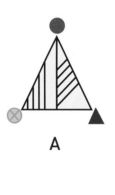

A

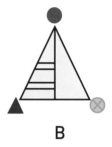

B

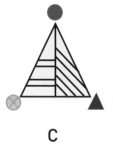

C

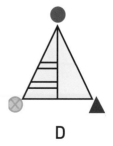

D

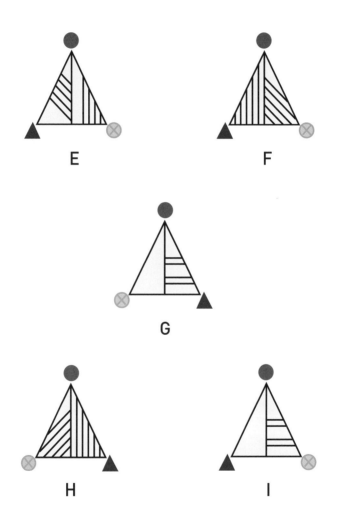

E

F

G

H

I

숫자들이 일정한 규칙에 따라 배치되어 있다. 물음표 자리에 들어갈 숫자는 무엇일까?

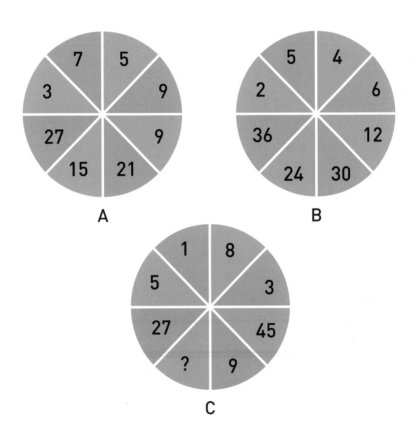

마지막 저울의 균형을 맞추려면 물음표 자리에 어떤 그림이 한 개 들어
가야 한다. 그 그림은 무엇일까?

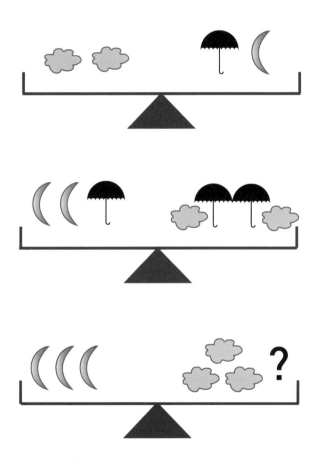

삼각형에 있는 숫자와 색의 규칙을 찾아보자. 각 변의 색은 1~9 사이의
숫자 중 하나를 나타낸다. 물음표 자리에 들어갈 숫자는 무엇일까?

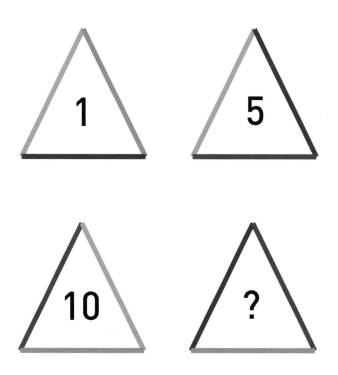

시계는 차례대로 일정한 규칙에 따라 움직인다. 4번 시계는 몇 시 몇 분을 가리켜야 할까?

1

2

3

4

각 칸의 기호는 숫자를 나타내며, 그림 밖의 숫자들은 그 줄에 있는 기호를 더한 값이다. 물음표 자리에 들어갈 숫자는 무엇일까?

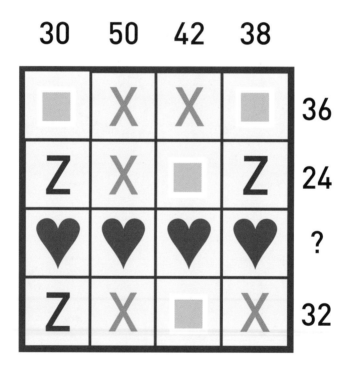

도형들이 일정한 규칙에 따라 배치되어 있다. 물음표 자리에 들어갈 도형은 어떤 모양일까?

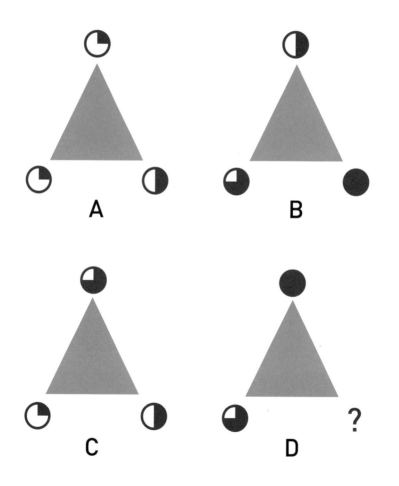

027

아래 전개도로 만들 수 없는 정육면체는 보기 A~E 중 어느 것일까?

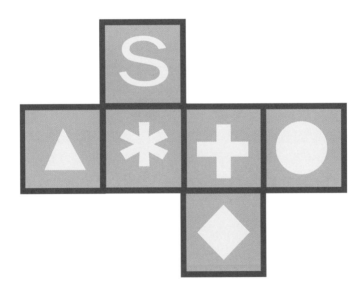

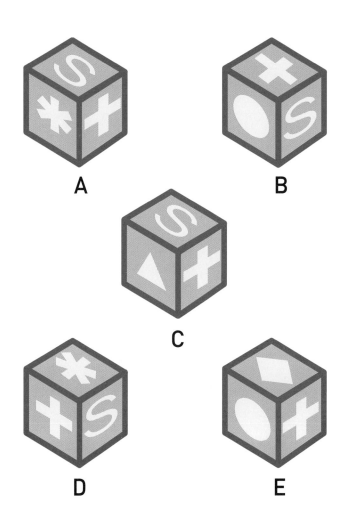

A

B

C

D

E

숫자들이 일정한 규칙에 따라 배치되어 있다. 단, 규칙대로 나열된 숫자 중에서 달라진 것들이 있다. 이 달라진 숫자들을 색칠하면 어떤 모양이 나타난다. 그 모양은 무엇일까?

1	1	5	2	1	8	4	3
1	4	4	1	8	3	5	1
1	4	2	2	5	6	7	1
1	4	2	3	3	1	1	2
1	4	2	3	7	7	3	4
4	4	2	4	8	2	2	7
3	1	2	3	7	2	8	8
8	7	4	3	7	2	8	5
1	5	3	7	7	2	8	5
5	3	2	8	2	2	8	5
2	1	7	4	5	8	8	5
7	8	4	2	1	1	5	5

여섯 개의 그림 중 어느 하나만 나머지와 다르다. 그 그림은 보기 A~F 중 어느 것일까?

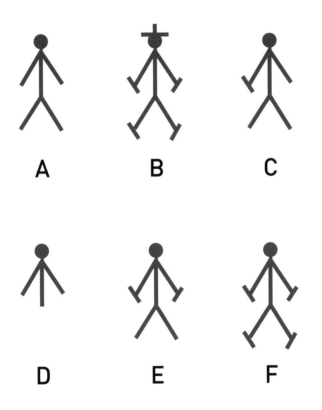

정육면체의 면 A~O 중에서 같은 숫자가 적힌 짝을 찾아야 한다. 무엇과 무엇일까?

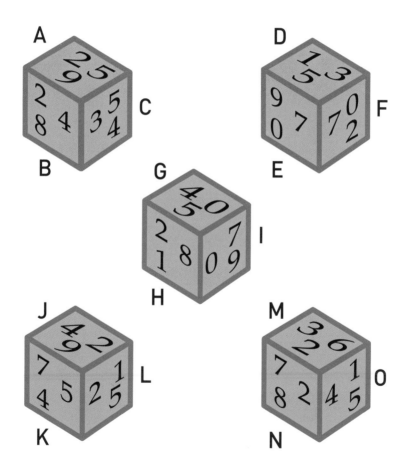

바깥쪽 사각형에는 수식이, 안쪽 사각형에는 답이 있다. 각 숫자 사이에 사칙연산 부호를 넣어 수식을 완성해야 한다. 계산 순서는 12시 방향에 있는 숫자 17부터 시계 방향으로 진행되며, 기존의 사칙연산 계산 순서는 고려하지 않는다. 수식을 어떻게 완성해야 할까?

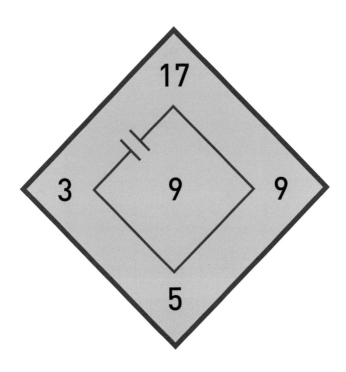

각 칸의 기호는 숫자를 나타내며, 그림 밖의 숫자들은 그 줄에 있는 기호
를 더한 값이다. 물음표 자리에 들어갈 숫자는 무엇일까?

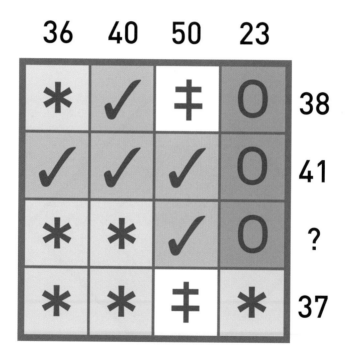

숫자들이 일정한 규칙에 따라 배치되어 있다. 물음표 자리에 들어갈 숫자는 무엇일까?

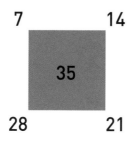

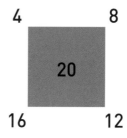

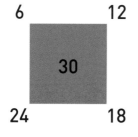

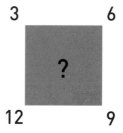

아래 얼굴 그림은 일정한 규칙에 따라 완성되고 있다. 다음 순서에 들어
갈 그림은 보기 A~C 중 어느 것일까?

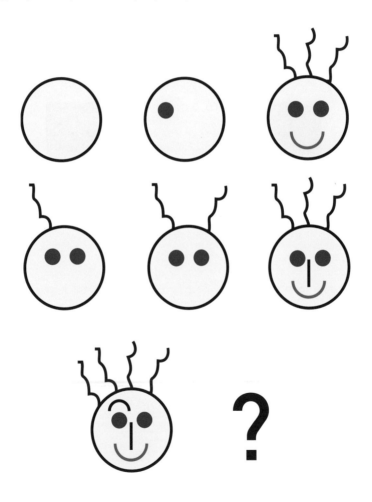

A

B

C

마지막 저울의 균형을 맞추려면 물음표 자리에 해 그림이 몇 개 들어가
야 할까?

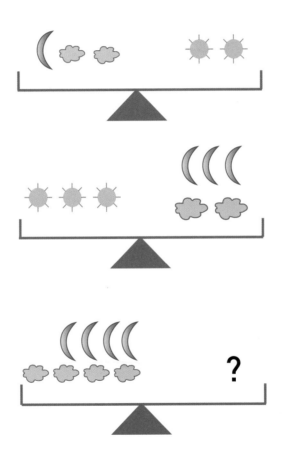

삼각형에 있는 숫자와 색의 규칙을 찾아보자. 각 변의 색은 1~9 사이의 숫자 중 하나를 나타낸다. 물음표 자리에 들어갈 숫자는 무엇일까?

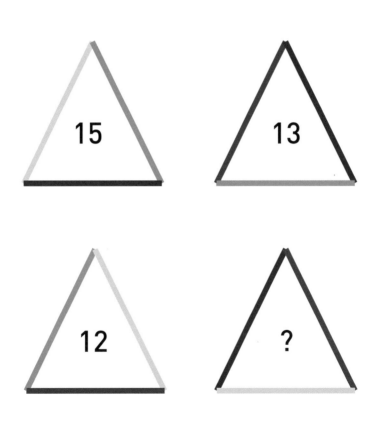

모든 타일을 잘 배치하면 각 가로줄과 세로줄에 나열되는 숫자가 서로 똑같은 정사각형이 만들어진다. 예를 들면 첫 번째 가로줄과 첫 번째 세로줄에 나열된 숫자가 서로 같다. 타일은 뒤집거나 회전할 수 없으며 지금 놓인 모양 그대로 사용해야 한다. 타일을 어떻게 배치해야 할까?

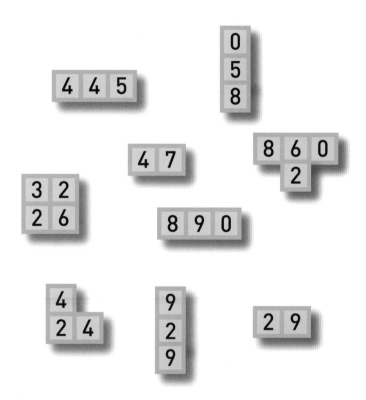

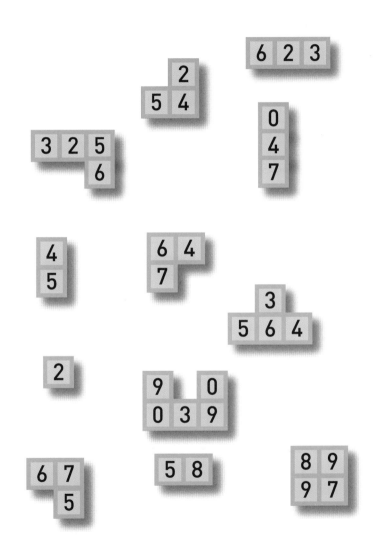

각 칸의 기호는 숫자를 나타내며, 그림 밖의 숫자들은 그 줄에 있는 기호를 더한 값이다. 물음표 자리에 들어갈 숫자는 무엇일까?

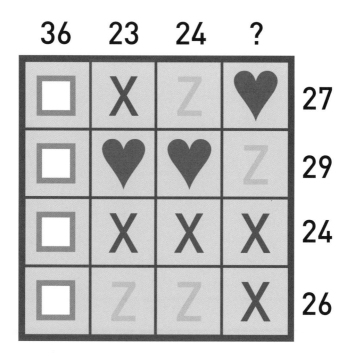

얼굴 그림과 숫자들이 일정한 규칙에 따라 배치되어 있다. 물음표 자리에 들어갈 숫자는 무엇일까?

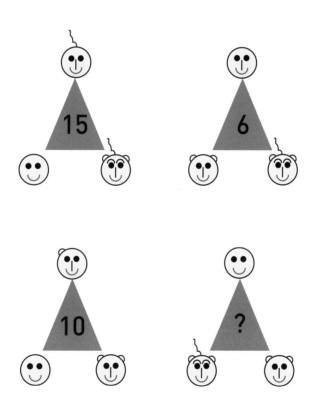

보기 A~E에 직선을 하나씩 추가하려고 한다. 아래 그림의 규칙에 맞게
직선을 추가할 수 있는 보기는 A~E 중 어느 것일까?

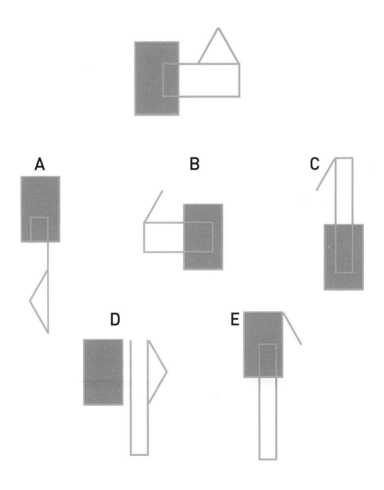

041

원 안에 있는 숫자들 사이에는 일정한 규칙이 있다. 물음표 자리에 들어
갈 숫자는 무엇일까?

모든 타일을 잘 배치하면 각 가로줄과 세로줄에 나열되는 숫자가 서로 똑같은 정사각형이 만들어진다. 예를 들면 첫 번째 가로줄과 첫 번째 세로줄에 나열된 숫자가 서로 같다. 타일은 뒤집거나 회전할 수 없으며 지금 놓인 모양 그대로 사용해야 한다. 타일을 어떻게 배치해야 할까?

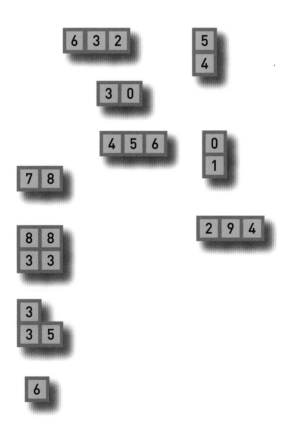

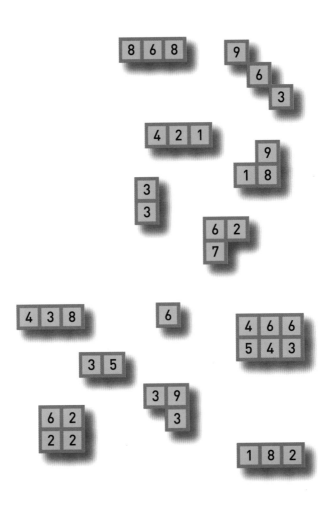

043

직사각형의 색은 각각 1~9 사이의 숫자 중 하나를 나타낸다. 노란색이
나타내는 숫자는 무엇일까?

정육면체의 면 A~O 중에서 같은 그림이 그려진 짝을 찾아야 한다. 무엇과 무엇일까?

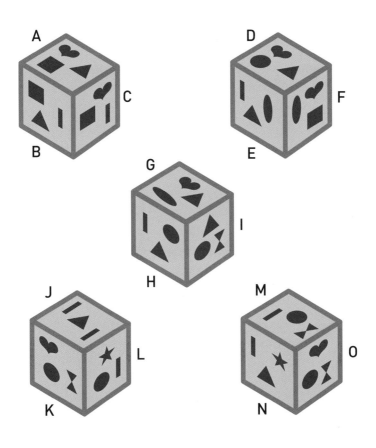

숫자들이 일정한 규칙에 따라 배치되어 있다. 물음표 자리에 들어갈 숫자는 무엇일까?

24	?	21
22		45
5	38	17

일곱 개의 공 중 어느 하나만 나머지와 다르다. 그 공은 무엇일까?

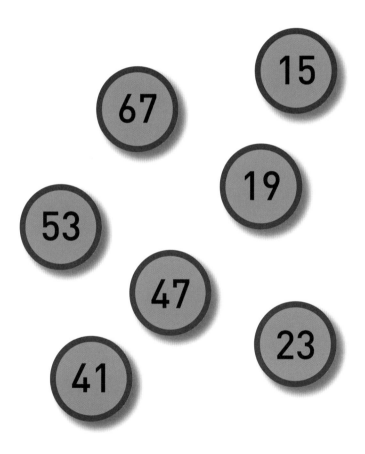

각 칸에 도형들이 일정한 규칙에 따라 나열되어 있다. 빈칸에 들어갈 도형은 보기 A~E 중 어느 것일까?

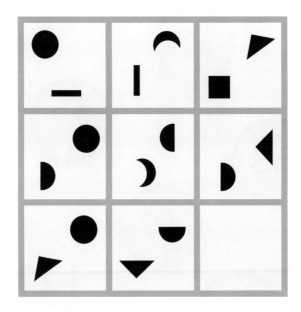

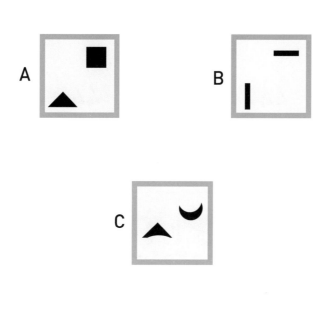

A

B

C

D

E

048

각 칸의 기호는 숫자를 나타내며, 그림 밖의 숫자들은 그 줄에 있는 기호를 더한 값이다. 물음표 자리에 들어갈 숫자는 무엇일까?

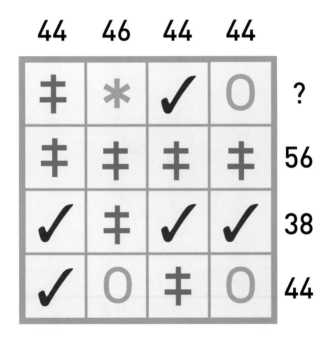

바깥쪽 사각형에는 수식이, 안쪽 사각형에는 답이 있다. 각 숫자 사이에 사칙연산 부호를 넣어 수식을 완성해야 한다. 계산 순서는 6시 방향에 있는 숫자 9부터 시계 방향으로 진행되며, 기존의 사칙연산 계산 순서는 고려하지 않는다. 수식을 어떻게 완성해야 할까?

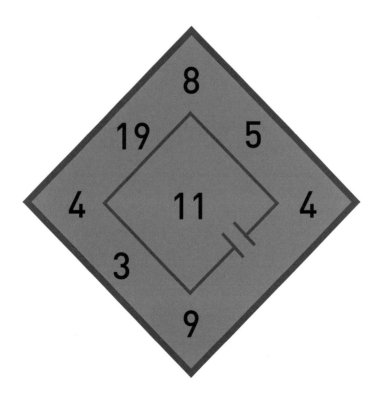

원 바깥쪽에 있는 색은 1~9 사이의 숫자 중 하나를 나타낸다. 원 안쪽에 있는 숫자와의 관계를 찾아보자. 물음표 자리에 들어갈 숫자는 무엇일까?

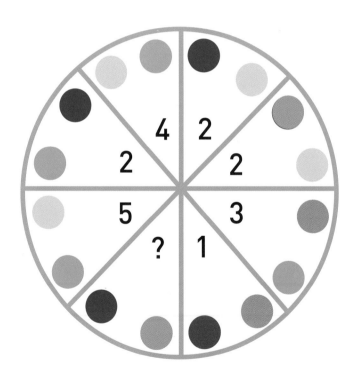

정육면체의 면 A~O 중에서 같은 그림이 그려진 짝을 찾아야 한다. 무엇과 무엇일까?

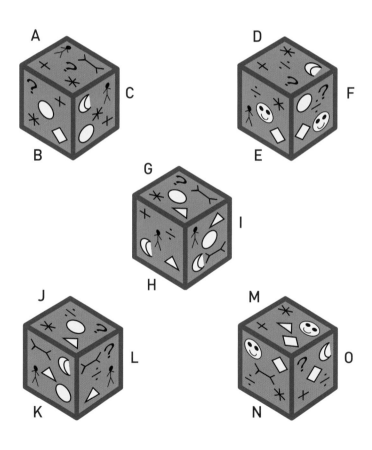

도형의 관계를 파악해보자. 빈칸에 들어갈 도형은 보기 A~E 중 어느 것일까?

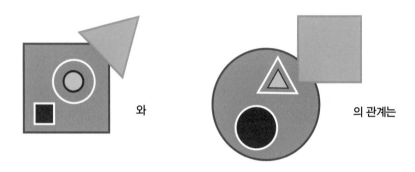

와   의 관계는

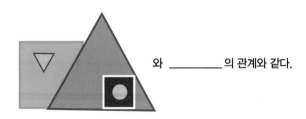

와 _____의 관계와 같다.

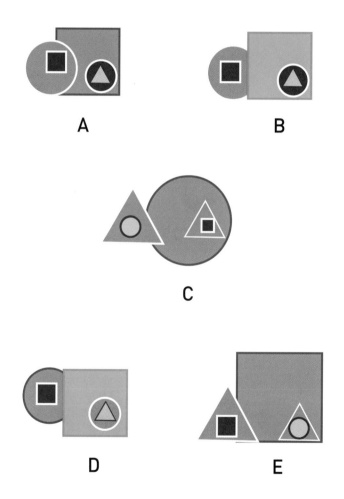

A

B

C

D

E

감자 수확량과 작업 시간 사이에는 일정한 규칙이 있다. 트랙터 A는 감자를 몇 톤이나 모았을까?

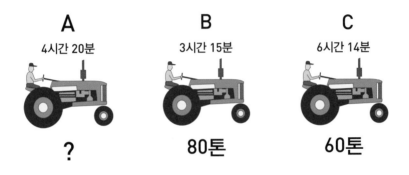

A
4시간 20분
?

B
3시간 15분
80톤

C
6시간 14분
60톤

D
7시간 13분
42톤

E
4시간 12분
78톤

다섯 개의 도형 중 어느 하나만 나머지와 다르다. 그 도형은 보기 A~E
중 어느 것일까?

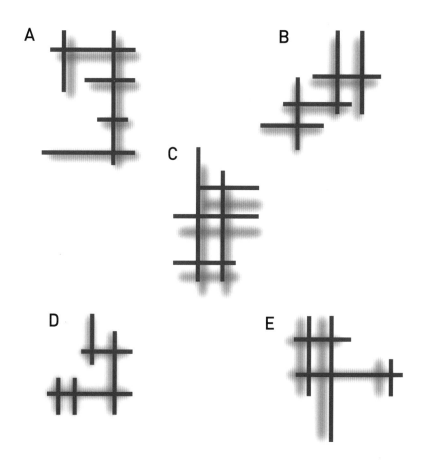

아래 전개도로 만들 수 없는 정육면체는 보기 A~E 중 어느 것일까?

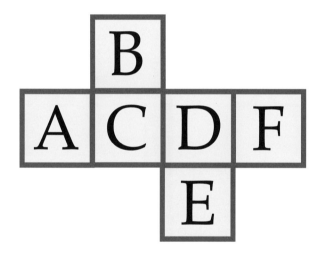

A

B

C

D

E

각 칸의 색은 1~20 사이의 숫자 중 하나를 나타낸다. 같은 칸의 위 색에서 아래 색을 뺀 다음 같은 줄끼리 더하면 각 줄 바깥에 있는 숫자가 나온다. 물음표 자리에 들어갈 숫자는 무엇일까?

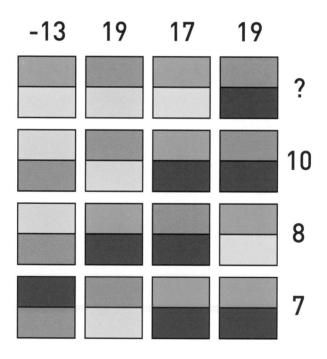

주사위가 일정한 규칙에 따라 배치되어 있다. 물음표 자리에 들어갈 주사위의 점은 몇 개일까?

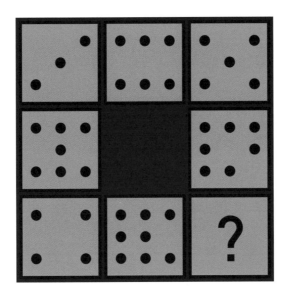

네 개의 트럼프 기호는 각각 어떤 숫자를 나타내며, 그림 밖의 숫자들은
그 줄에 있는 기호와 숫자를 더한 값이다. 각 트럼프 기호들이 나타내는
숫자는 무엇일까?

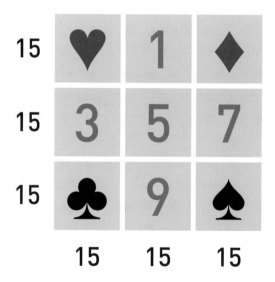

다섯 가방의 무게를 보면 나머지와 다른 것이 하나 있다. 그 가방은 보기 A~E 중 어느 것일까?

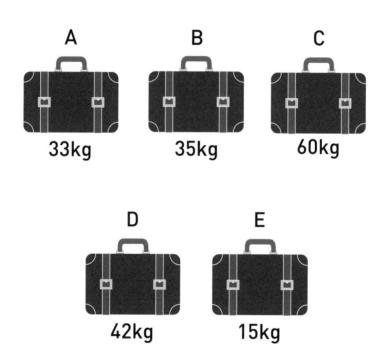

아래 도형은 차례대로 일정한 규칙에 따라 나열되어 있다. 물음표 자리
에 들어갈 도형은 보기 A~E 중 어느 것일까?

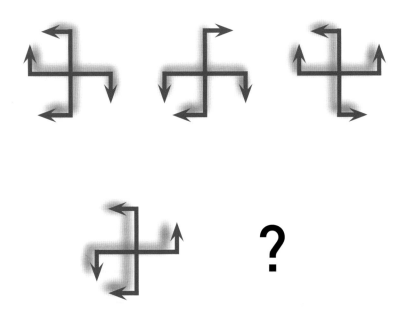

?

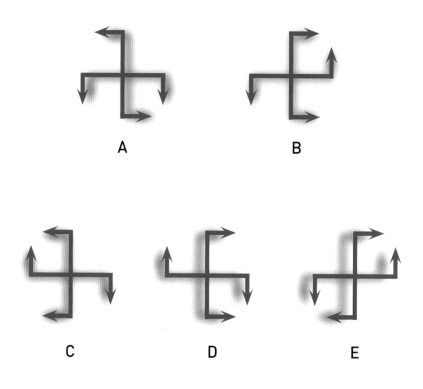

A

B

C

D

E

원 안에 있는 숫자 중 어느 하나만 나머지와 다르다. 그 숫자는 무엇일까?

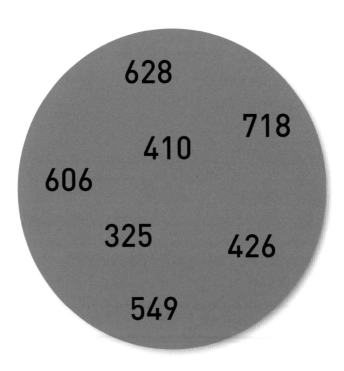

원 안에 있는 색은 1~9 사이의 숫자 중 하나를 나타내며, 일정한 규칙
에 따라 배치되어 있다. 물음표 자리에는 어떤 색이 들어가야 할까?

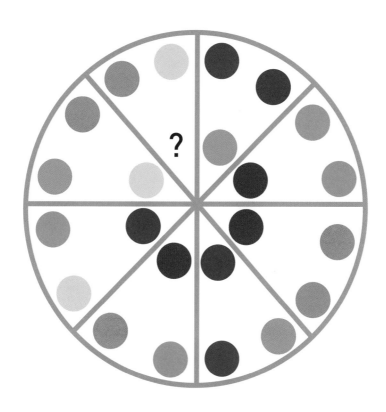

아래 정육면체를 만들 수 있는 전개도는 보기 A~E 중 어느 것일까?

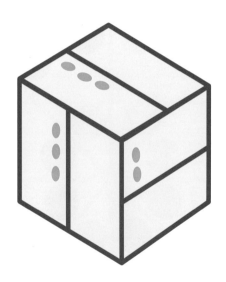

A

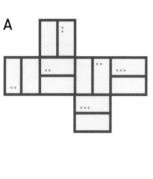

B

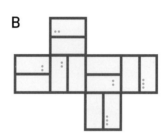

C

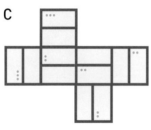

D

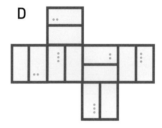

E

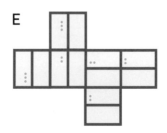

숫자들이 일정한 규칙에 따라 배치되어 있다. 물음표 자리에 들어갈 숫
자는 무엇일까?

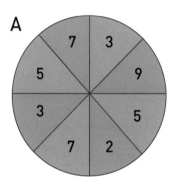

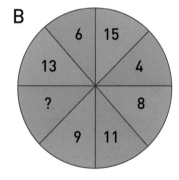

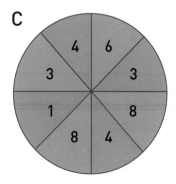

위 시계에 적힌 시간에서 아래 시계에 적힌 시간까지 변하는 과정이 나타나 있다. 각 과정에서 시간을 앞으로 보낼지, 뒤로 당길지 선택해야 한다. 시계를 어떻게 돌려야 이 계산이 성립할 수 있을까?

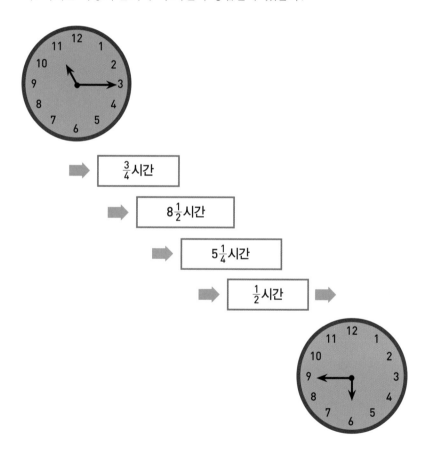

그림들이 차례대로 일정한 규칙에 따라 나열되어 있다. 물음표 자리에
올 그림은 어떤 모습일까?

067

다섯 개의 도형 중 어느 하나만 나머지와 다르다. 그 도형은 보기 A~E 중 어느 것일까?

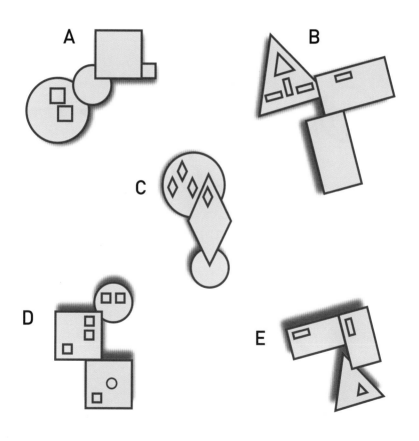

068

도형의 관계를 파악해보자. 빈칸에 들어갈 도형은 보기 A~D 중 어느 것일까?

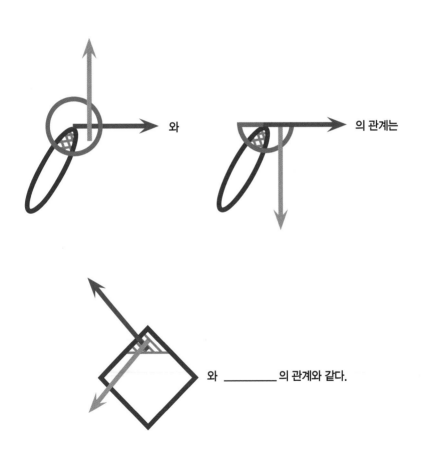

와 _____ 의 관계와 같다.

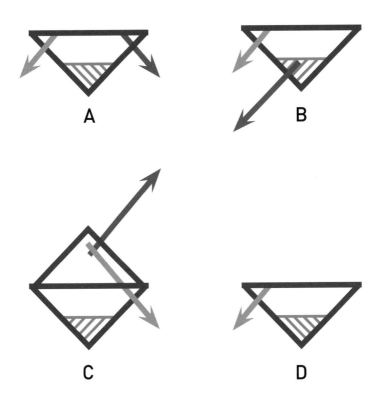

삼각형에 있는 숫자와 색의 규칙을 찾아보자. 각 변의 색은 1~9 사이의
숫자 중 하나를 나타낸다. 물음표 자리에 들어갈 숫자는 무엇일까?

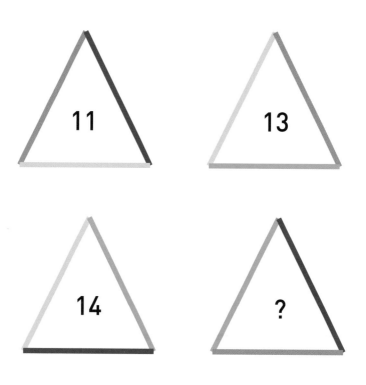

아래 그림에서 최대한 많은 직사각형을 찾아보자. 직사각형은 모두 몇 개일까?

아래 조각들 중에서 하나를 빼고 모두 결합하면 정사각형이 만들어진다.
필요 없는 하나는 보기 A~O 중 무엇일까?

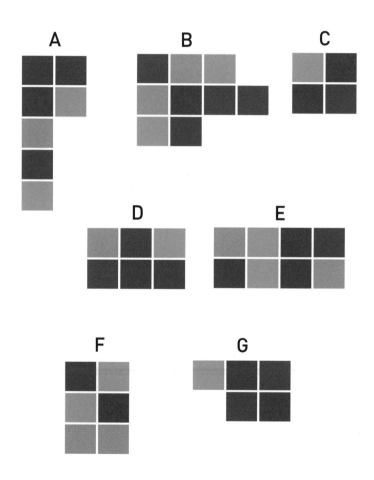

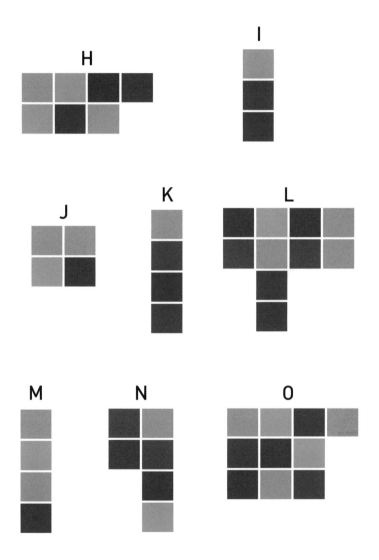

072

그림이 차례대로 일정한 규칙에 따라 나열되어 있다. 물음표 자리에 들어갈 그림은 어떤 모습일까?

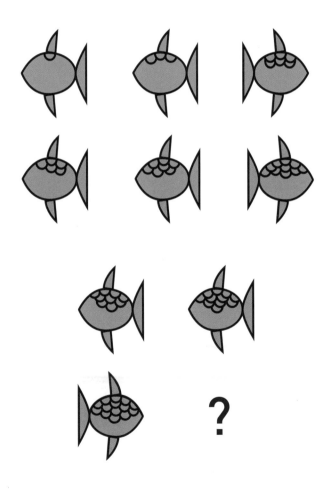

다섯 개의 도형 중 어느 하나만 나머지와 다르다. 그 도형은 보기 A~E 중 무엇일까?

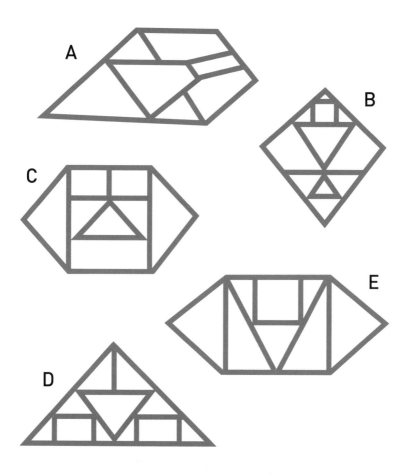

074

원 안에 있는 색은 1~9 사이의 숫자 중 하나를 나타내며, 일정한 규칙에 따라 배치되어 있다. 물음표 자리에는 어떤 색이 들어가야 할까?

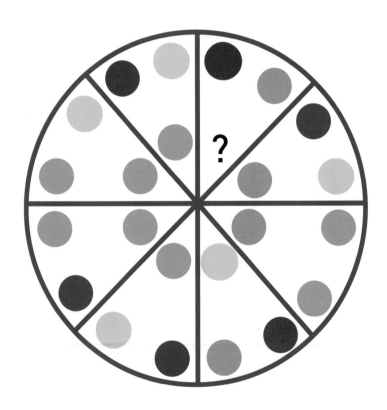

정육면체의 면 A~O 중에서 같은 기호가 그려진 짝을 찾아야 한다. 무
엇과 무엇일까?

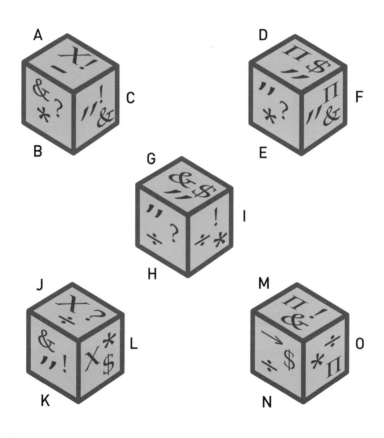

도형의 관계를 파악해보자. 빈칸에 들어갈 도형은 보기 A~E 중 어느 것일까?

와   의 관계는

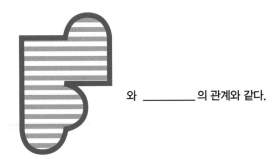

와 _____ 의 관계와 같다.

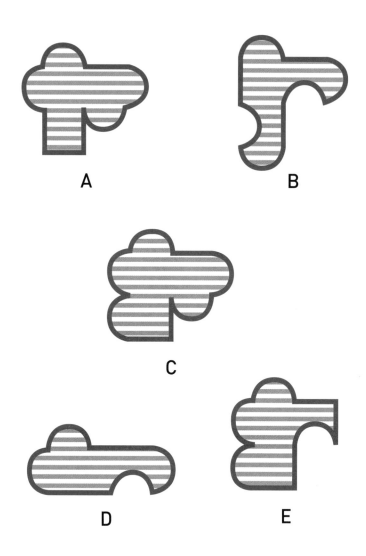

A

B

C

D

E

077

아래 그림은 차례대로 일정한 규칙에 따라 나열되어 있다. 물음표 자리
에 들어갈 그림은 보기 A~E 중 어느 것일까?

?

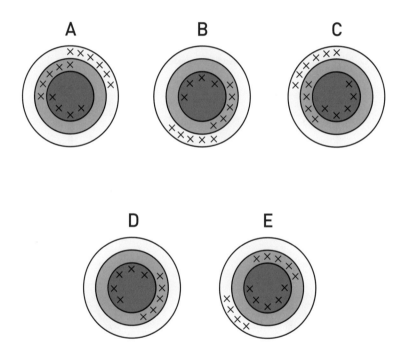

도형 속 수식이 성립하도록 물음표 자리에 알맞은 숫자를 넣어야 한다.
수식은 맨 오른쪽 위의 6부터 시계 방향으로 진행되며 기존의 사칙연산
계산 순서는 고려하지 않는다. 어떤 숫자를 넣어야 할까?

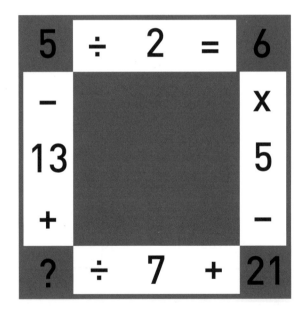

네 개의 도형 중 어느 하나만 나머지와 다르다. 그 도형은 보기 A~D 중 어느 것일까?

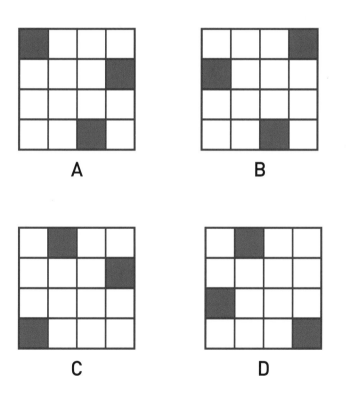

A

B

C

D

나비 그림 A~F 중에서 똑같은 그림 짝을 찾아야 한다. 무엇과 무엇일까?

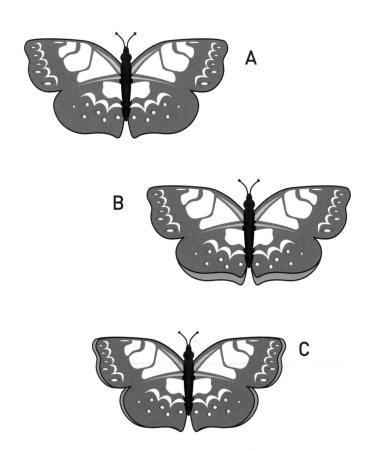

A

B

C

D

 E

F

시계는 차례대로 일정한 규칙에 따라 움직인다. 4번 시계의 시침은 몇 시를 가리켜야 할까?

그림 안의 각 기호는 숫자를 나타내며, 그림 밖의 숫자들은 그 줄에 있는 기호를 더한 값이다. 물음표 자리에 들어갈 숫자는 무엇일까?

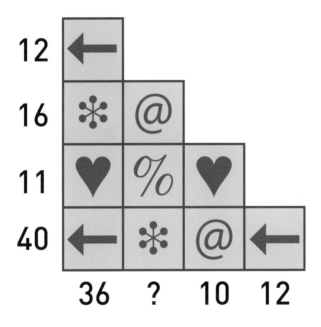

아래 도형은 차례대로 일정한 규칙에 따라 나열되어 있다. 다음 순서에
올 도형은 보기 A~E 중 어느 것일까?

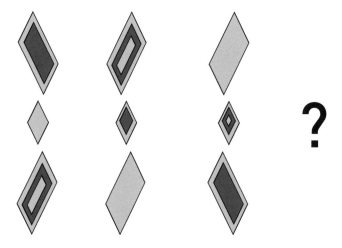

A B C D E

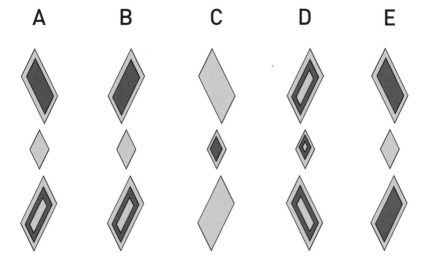

삼각형에 있는 숫자와 색의 규칙을 찾아보자. 각 변의 색은 1~9 사이의 숫자 중 하나를 나타낸다. 물음표 자리에 들어갈 숫자는 무엇일까?

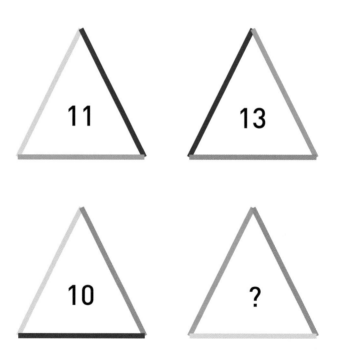

다섯 개의 도형 중 어느 하나만 나머지와 다르다. 그 도형은 보기 A∼E 중 어느 것일까?

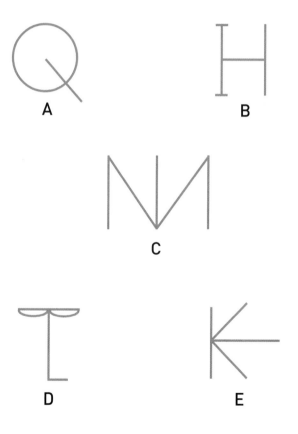

답:186쪽

표의 관계를 파악해보자. 빈칸에 들어갈 표는 보기 A ~ D 중 어느 것일까?

5	6	9
4	3	2
2	7	1

와

8	4	12
2	6	0
0	10	4

의 관계는

4	9	6
22	7	11
2	14	1

와 _____ 의 관계와 같다.

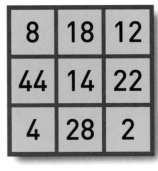

8	18	12
44	14	22
4	28	2

A

7	7	9
25	5	9
5	17	0

B

7	12	9
25	10	14
5	17	4

C

2	12	4
20	10	14
0	12	4

D

정육면체의 면 A~O 중에서 같은 알파벳이 적힌 짝을 찾아야 한다. 무엇과 무엇일까?

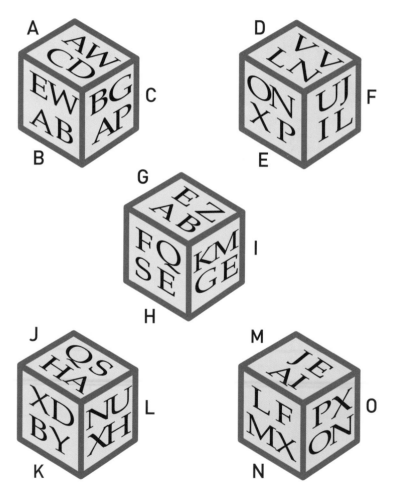

숫자들이 일정한 규칙에 따라 배치되어 있다. 물음표 자리에 들어갈 숫자는 무엇일까?

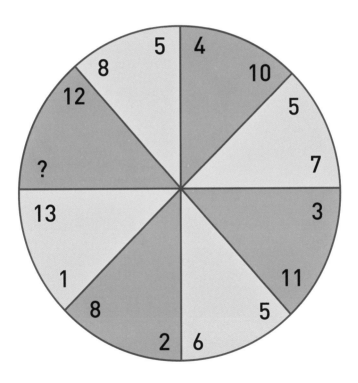

아래 도형은 차례대로 일정한 규칙에 따라 나열되어 있다. 다음 순서에
올 도형은 보기 A~E 중 어느 것일까?

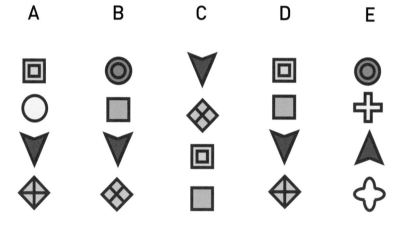

A	B	C	D	E

아래 그림에서 최대한 많은 정사각형을 찾아보자. 정사각형은 모두 몇 개일까?

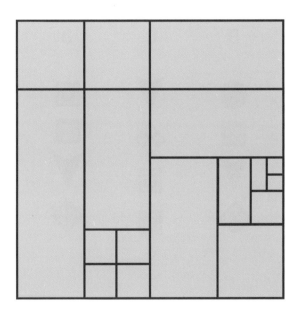

091

숫자들이 일정한 규칙에 따라 배치되어 있다. 물음표 자리에 들어갈 숫자는 무엇일까?

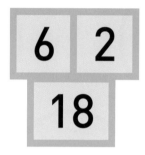

6	2
18	

8	7
84	

12	4
?	

다섯 개의 도형 중 어느 하나만 나머지와 다르다. 그 도형은 보기 A~E 중 어느 것일까?

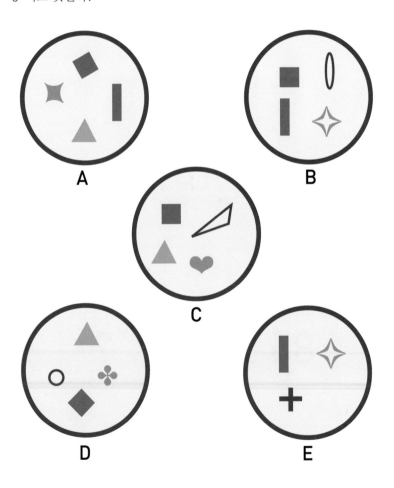

A

B

C

D

E

원 안의 숫자들 사이에는 일정한 규칙이 있다. 물음표 자리에 들어갈 숫자는 무엇일까?

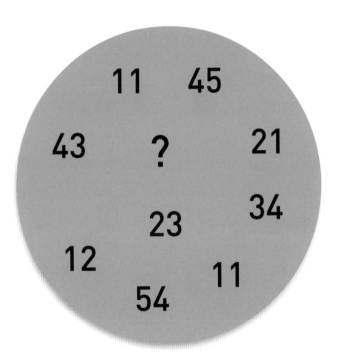

094

도형의 관계를 파악해보자. 빈칸에 들어갈 도형은 보기 A~E 중 어느 것일까?

와 _____의 관계와 같다.

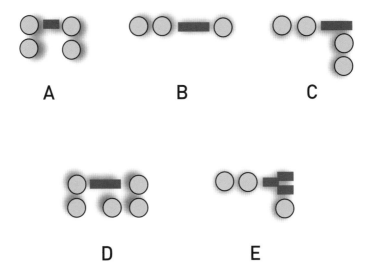

A

B

C

D

E

아래 조각들에 한 조각을 추가하면 원이 만들어진다. 추가해야 할 조각
은 보기 A~D 중 어느 것일까?

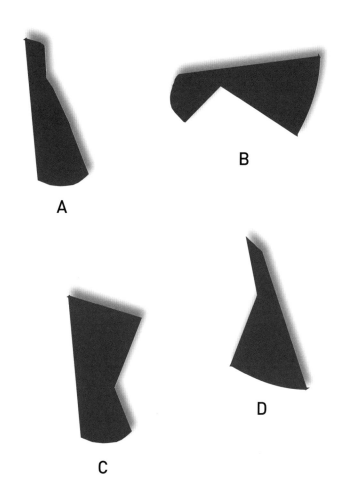

A

B

C

D

096

각 칸에 그림들이 일정한 규칙에 따라 배치되어 있다. 물음표 자리에 들어갈 그림은 어떤 모습일까?

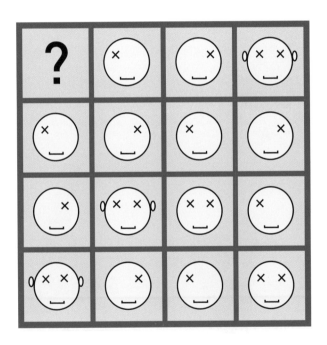

097

네 보기는 일정한 규칙에 따라 나열되어 있지만, 이 중 하나는 그 규칙에 맞지 않는다. 규칙은 무엇이고, 규칙에 맞지 않는 것은 보기 A~D 중 어느 것일까?

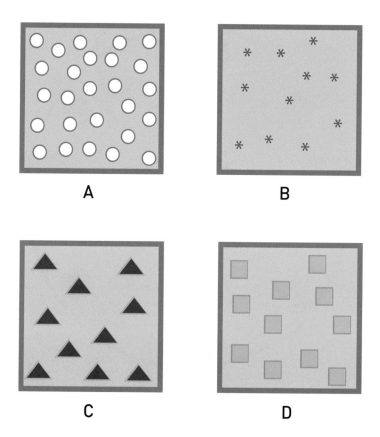

원 바깥쪽에 있는 색은 1~9 사이의 숫자 중 하나를 나타낸다. 원 안쪽에 있는 숫자와의 관계를 찾아보자. 물음표 자리에 들어갈 숫자는 무엇일까?

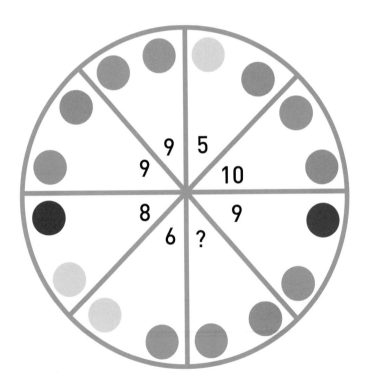

숫자들이 일정한 규칙에 따라 배치되어 있다. 물음표 자리에 들어갈 숫
자는 무엇일까?

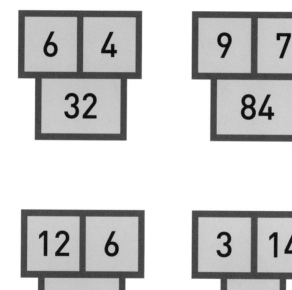

아래 전개도로 만들 수 없는 정십이면체가 두 개 있다. 그 정십이면체는
보기 A~F 중 어느 것일까?

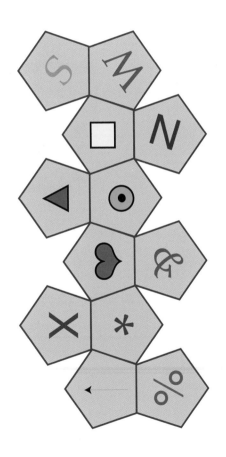

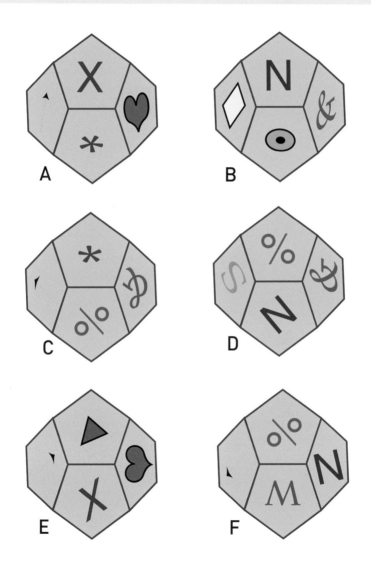

숫자들이 일정한 규칙에 따라 배치되어 있다. 물음표 자리에 들어갈 숫자는 무엇일까?

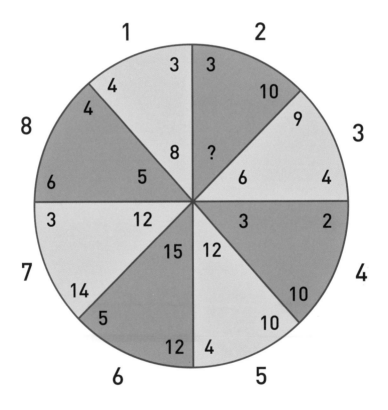

숫자들이 일정한 규칙에 따라 배치되어 있다. 물음표 안에 들어갈 숫자
는 무엇일까?

3	6	3	5
4	12	11	1
3	?	15	5
1	6	7	2

아래 그림은 차례대로 일정한 규칙에 따라 나열되어 있다. 물음표 자리
에 들어갈 그림은 보기 A~D 중 어느 것일까?

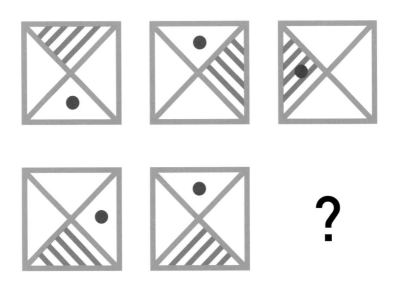

A

B

C

D

104

다섯 개의 도형 중 어느 하나만 나머지와 다르다. 그 도형은 보기 A~E
중 어느 것일까?

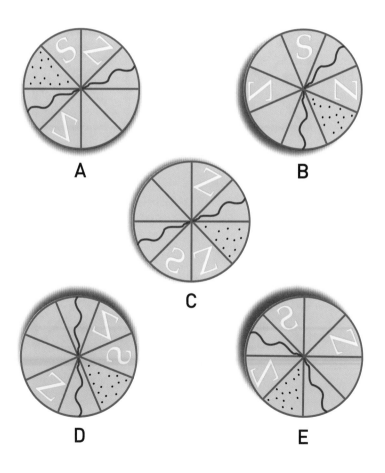

각 칸에 있는 색은 1~9 사이의 숫자 중 하나를 나타낸다. 같은 사각형 칸에 있는 색을 곱해 같은 줄끼리 더하면 각 줄 바깥에 있는 숫자가 나온다. 물음표 자리에 들어갈 숫자는 무엇일까?

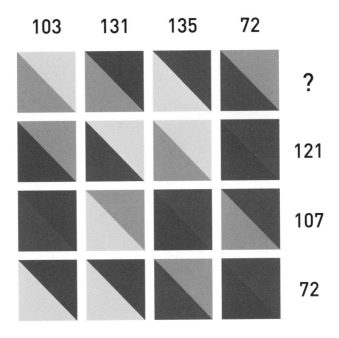

106

아래 조각들에 한 조각을 추가하면 원이 만들어진다. 추가해야 할 조각
은 보기 A~D 중 어느 것일까?

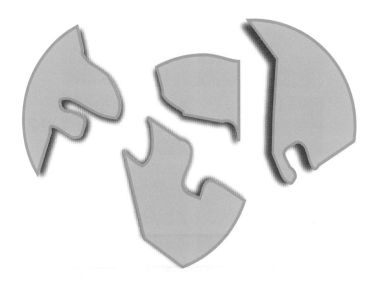

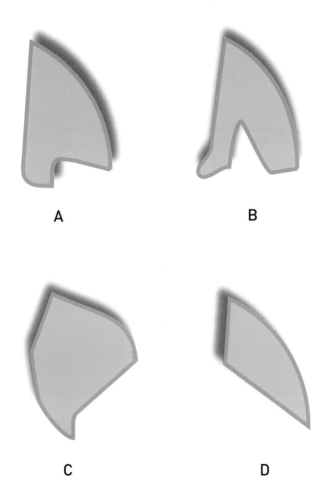

A

B

C

D

답:189쪽 **141**

도형의 관계를 파악해보자. 빈칸에 들어갈 도형은 보기 A~D 중 어느
것일까?

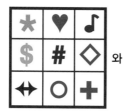 와 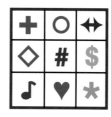 의 관계는

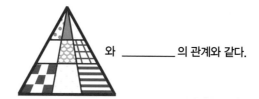 와 _____의 관계와 같다.

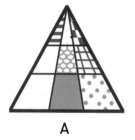

A

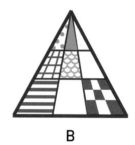

B

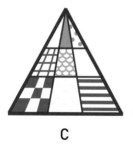

C

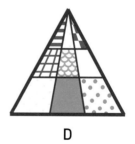

D

주황색 점들이 일정한 규칙에 따라 배치되어 있다. 물음표가 있는 칸에
는 점이 어디에 위치해 있을까?

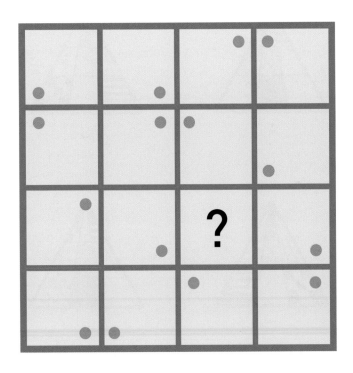

다섯 개의 보기 중 어느 하나만 나머지와 다르다. 다른 것은 보기 A~E
중 어느 것일까?

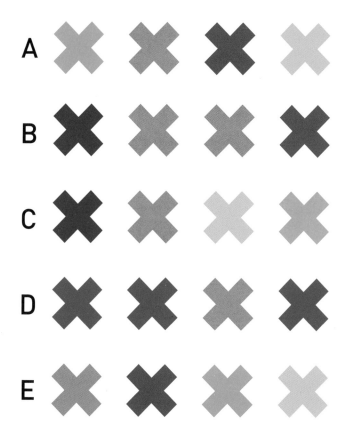

숫자들이 일정한 규칙에 따라 배치되어 있다. 사각형의 색은 각각 한 자리 숫자를 나타낸다. 단, 한 자리 숫자가 음수일 수도 있다. 물음표 네 곳에 들어갈 숫자는 각각 무엇일까?

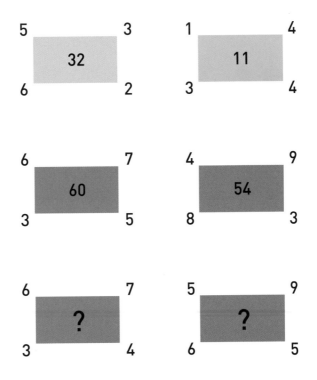

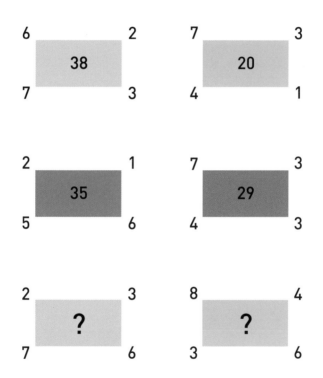

답:190쪽

각 칸에 있는 색은 1~9 사이의 숫자 중 하나를 나타낸다. 같은 줄에 있는 칸의 숫자와 색을 더하면 각 줄 바깥에 있는 숫자가 나온다. 물음표 자리에 들어갈 숫자는 무엇일까?

3	4	6	9	7	2	5	8	3	9	?
6	5	2	7	3	4	5	1	2	6	71
3	8	2	1	9	7	8	6	1	3	82
5	4	3	4	1	2	9	8	6	5	85
6	8	9	3	5	4	8	3	6	2	91
4	1	9	8	6	3	2	2	4	5	74
7	6	3	5	2	4	6	8	9	7	93
8	4	6	5	3	6	2	1	3	8	83
9	2	1	4	3	7	8	9	6	3	88
1	3	7	6	4	3	8	6	2	4	77

89 75 77 87 83 86 81 93 67 102

숫자들이 일정한 규칙에 따라 배치되어 있다. 물음표 자리에 들어갈 숫자는 무엇일까?

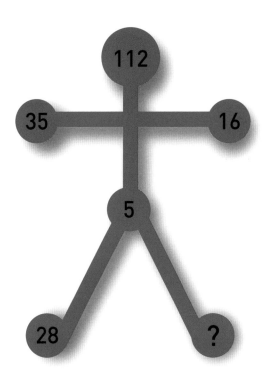

아래 조각들 중에서 두 개를 빼고 모두 결합하면 사각형이 만들어진다.
필요 없는 조각 두 개는 보기 A~H 중 어느 것일까?

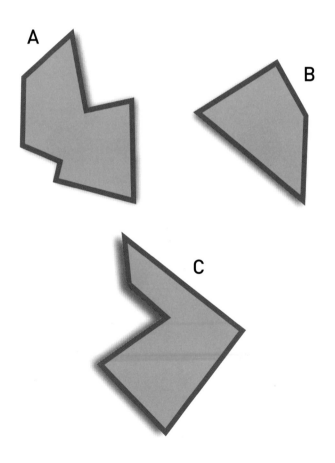

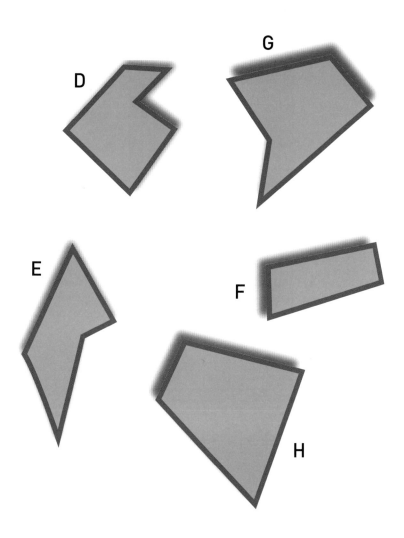

노란색 타일에 파란 원이 일정한 규칙에 따라 배치되어 있다. 가운데 빈 칸에는 몇 개의 파란 원이 있어야 할까?

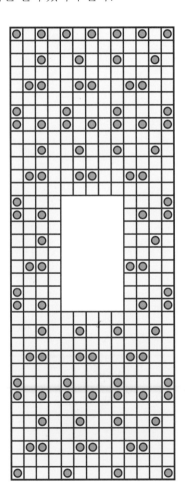

네 개의 보기 중 어느 하나만 나머지와 다르다. 다른 것은 보기 A~D 중 어느 것일까?

A

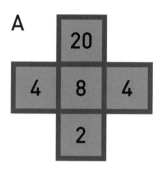

B

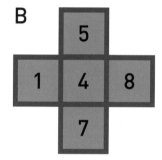

C

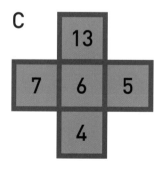

D

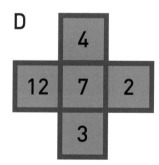

도형들이 차례대로 일정한 규칙에 따라 나열되어 있다. 다음에 이어질
도형은 보기 A~D 중 어느 것일까?

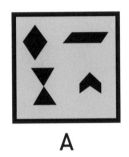

A

B

C

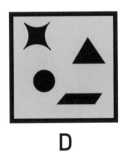

D

117

시계는 차례대로 일정한 규칙에 따라 움직인다. 4번 시계는 몇 시 몇 분을 가리켜야 할까?

1

2

3

4

각 칸의 색은 10~50 사이의 숫자 중 하나를 나타낸다. 같은 줄에 있는 색을 모두 더하면 각 줄 바깥에 있는 숫자가 나온다. 물음표 자리에 들어 갈 숫자는 무엇일까?

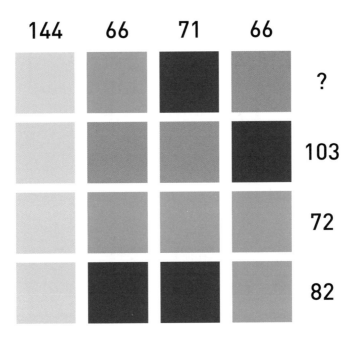

숫자와 도형이 일정한 규칙에 따라 배치되어 있다. 물음표 자리에 들어
갈 도형은 어떤 모습일까?

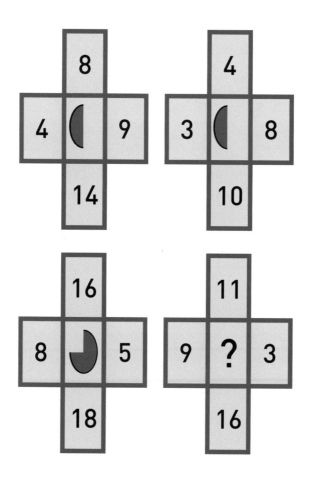

다섯 개의 얼굴 그림 중 어느 하나만 나머지와 다르다. 다른 얼굴은 보기 A~E 중 어느 것일까?

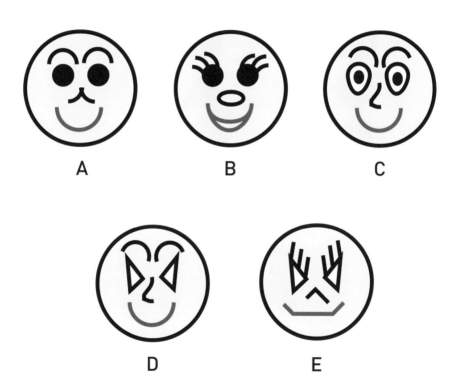

도형의 관계를 파악해보자. 빈칸에 들어갈 도형은 보기 A~D 중 어느
것일까?

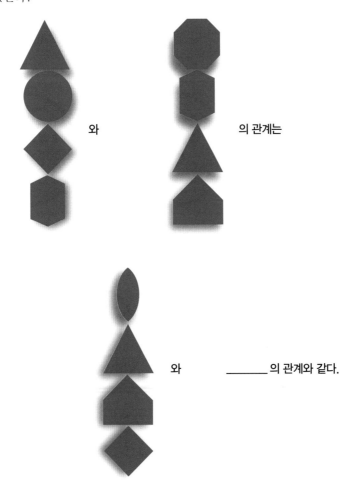

와   의 관계는

와   _____의 관계와 같다.

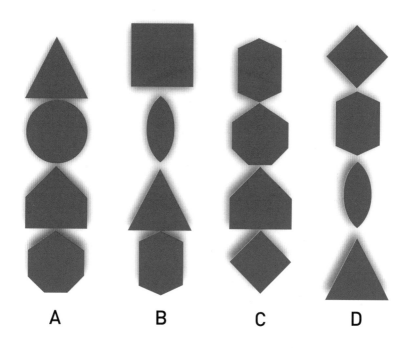

A B C D

원 안에 도형들이 일정한 규칙에 따라 배치되어 있다. 물음표 자리에 들
어갈 도형은 어떤 모습일까?

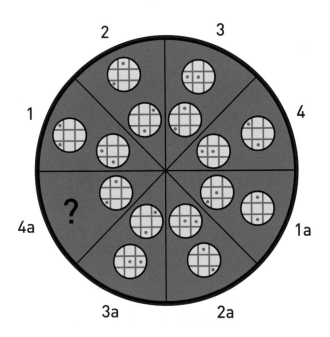

숫자들이 일정한 규칙에 따라 배치되어 있다. 물음표 자리에 들어갈 숫자는 무엇일까?

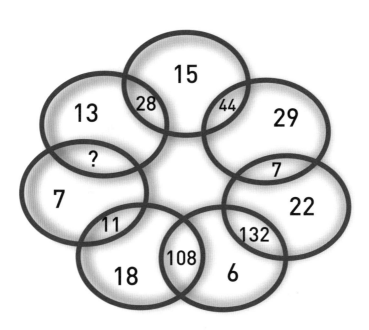

숫자들이 일정한 규칙에 따라 배치되어 있다. 물음표 자리에 들어갈 숫자는 무엇일까?

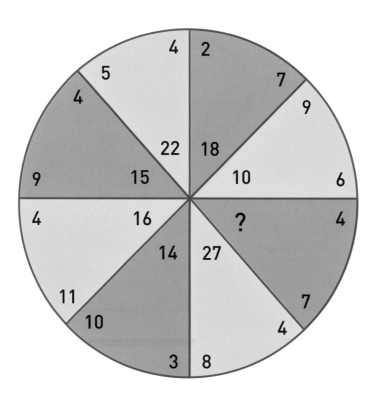

별을 이루는 일곱 색깔 삼각형 중 어느 하나만 나머지와 다르다. 그 색은 무엇일까?

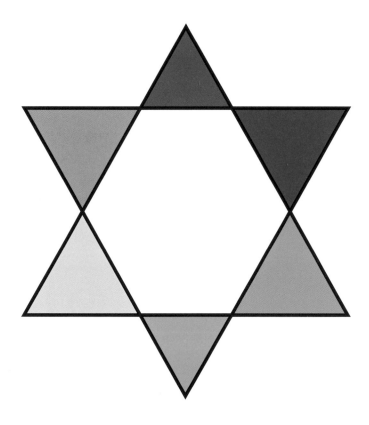

각 칸에 도형들이 일정한 규칙에 따라 배치되어 있다. 물음표 자리에 들어갈 도형은 무엇일까?

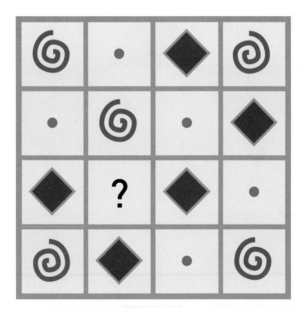

알파벳과 숫자가 번갈아 가며 일정한 규칙에 따라 배치되어 있다. 가운데 네 칸에는 각각 어떤 알파벳 또는 숫자가 들어가야 할까?

6	G	B	6	2	G	F	5
5	D	3	9	D	I	3	4
1	F	7	H	A	7	1	H
9	E	4	C	2	5	C	E
2	A	6	G	8	I	F	8
8	I	5			B	1	4
3	B	1			H	9	E
7	H	9	E	4	C	2	A
4	C	2	A	6	G	8	I
6	G	8	I	5	D	3	B
A	D	3	B	1	F	7	H
H	5	7	H	9	E	4	C
6	2	F	C	2	A	6	G
8	D	I	4	8	I	5	D
A	B	7	1	G	B	1	F
F	5	9	C	E	3	9	E

아래 조각들 중에서 두 개를 빼고 모두 결합하면 원이 만들어진다. 필요 없는 조각 두 개는 보기 A~I 중 어느 것일까?

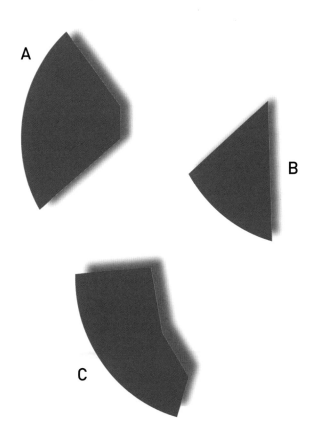

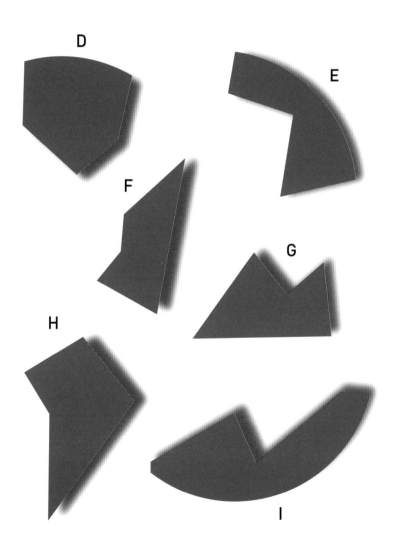

D

E

F

G

H

I

도형의 관계를 파악해보자. 빈칸에 들어갈 도형은 보기 A~E 중 어느 것
일까?

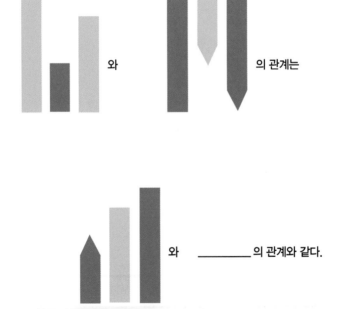

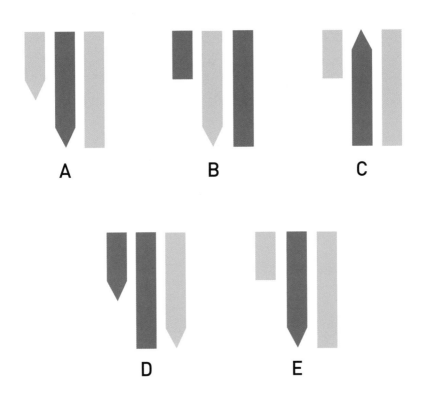

두 원 안에 나머지와 다른 숫자가 하나씩 있다. 그 숫자는 각각 무엇일까?

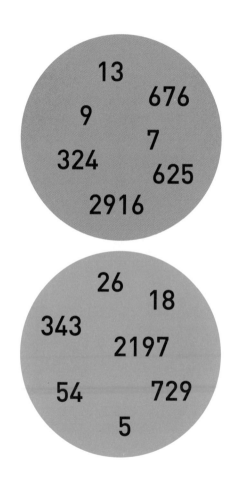

MENSA PUZZLE

멘사퍼즐 두뇌게임

해 답

001 E

E를 제외한 다른 보기는 모두 삼각형이 같은 순서로 겹쳐 있다. 맨 아래부터 하늘색, 빨간색, 남색, 초록색, 노란색, 분홍색 순이다.

002 4

각 조각에서 바깥쪽 두 숫자를 곱한 수를 시계 방향으로 두 칸 떨어진 조각 안쪽에 넣는다.

따라서 물음표 자리에는 시계 방향으로 두 칸 떨어진 조각 안쪽의 값 20에서 5를 나눈 4가 들어간다.

003 G

그림을 이루는 선의 개수가 규칙에 따라 늘어나고 줄어든다. 보기 A부터 차례대로 선이 +2, −1, +3, −2, +4, −3⋯과 같이 진행된다.

보기 F의 다음 차례는 선이 세 개 줄어들어야 하므로 모자를 이루는 선 2개, 발을 이루는 선 1개를 더해 총 3개가 제거된 G가 정답이다.

004 ◆ 1개

◆ = 3, ➡ = 4, ⬆ = 2

005 E

006 21

각 삼각형의 꼭짓점에 있는 숫자를 모두 더하고, 그 수를 다음 차례의 삼각형 중앙에 넣는다.

따라서 물음표 자리에는 삼각형 C의 세 숫자 12, 7, 2를 모두 더한 값인 21이 들어간다.

007 4

각 숫자는 해당 부분에 겹쳐 있는 사각형의 개수다.

008

분침은 20분씩 앞으로, 시침은 1시간씩 뒤로 간다.

009

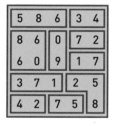

010 C

도형이 중앙 세로선을 기준으로 대칭된다.

011 C

C를 제외한 다른 보기는 도형에서 찾을

수 있는 모든 삼각형 개수가 옆에 그려진 직선 개수의 2배다.

012 7

각 삼각형의 꼭짓점에 있는 숫자를 모두 더하고, 그 수에 2를 곱한 다음 가운데에 넣는다.

이 규칙에 따르면 삼각형 D에 있는 숫자의 관계는 (2+7+?)×2=32이므로 답은 7이다.

013 7

① 파란색 사각형에서 가운데 사각형에 들어 있는 숫자를 제외한 세 개의 숫자를 더한다.

② 더한 값의 십의 자리 숫자와 일의 자리 숫자를 더한다.

①의 값을 ②의 값으로 나누어 가운데 삼각형과 겹친 부분에 넣는다.

규칙에 따라 계산하면 12+19+11 =42이고, 4+2=6이므로 물음표 자리에 들어갈 숫자는 42÷6=7이다.

D와 L

분침은 15분씩 뒤로 가고, 시침은 3시
간씩 앞으로 간다.

015

016 **39**

| ╪ | = 3, | ✓ | = 6, | ✳ | = 9, |

| O | = 24

018 8

각 사각형의 꼭짓점에 있는 숫자를 모
두 더한다. 노란색 정사각형에서는 더
한 값에 추가로 5를 더하고, 초록색 정
사각형에서는 추가로 5를 뺀다.

따라서 물음표 자리에 들어갈 숫자는
(2+6+3+2)−5=8이다.

019 위쪽 원 : ÷, ×
아래쪽 원 : ×, ×

020 C

다른 보기는 모두 좌우로 대칭된 짝이
있다.

021 72

각 원의 중앙 수평선을 기준으로 위쪽
네 부분에 있는 각 숫자에 일정한 수를
곱하면 마주 보는 부분의 숫자가 된다.
원 A에서는 3을 곱하고, 원 B에서는
6을 곱하고, 원 C에서는 9를 곱한다. 물
음표 자리와 마주 보는 곳에는 8이 있
으므로 8×9=72가 들어가야 한다.

022 ☁

🌂 = 2, ☁ = 3, 🌙 = 4

023 7

밑변의 값에 왼쪽 변의 값을 더하고 오
른쪽 변의 값을 빼면 삼각형 안의 숫자
가 된다.

따라서 ╱=4, ╱=5, ╱=6, ╱=8
이므로 물음표 자리에 들어갈 숫자는

8+5−6=7이다.

024

분침은 20분씩 앞으로 가고, 시침은
2시간씩 뒤로 간다.

025 68

| Z | = 3, | ■ | = 7, | X | = 11,

| ♥ | = 17

026

삼각형의 맨 위 꼭짓점에 있는 도형은
$\frac{1}{4}$씩 채워지며, 아래 두 꼭짓점에 있는
도형은 각각 삼각형 A와 B의 도형을
반복한다.

027 C

028

1	1	5	2	1	8	4	3
1	4	4	1	8	3	5	1
1	4	2	2	5	6	7	1
1	4	2	3	3	1	1	2
1	4	2	3	7	7	3	4
4	4	2	4	8	2	2	7
3	1	2	3	7	2	8	8
8	7	4	3	7	2	8	5
1	5	3	7	7	2	8	5
5	3	2	8	2	2	8	5
2	1	7	4	5	8	8	5
7	8	4	2	1	1	5	5

알파벳 F 모양이 숨어 있다. 패턴은 가장 오른쪽 위 3부터 시작해 가장 왼쪽 아래 7을 잇는 대각선을 따라 지그재그로 3, 1, 4, 1, 5, 8, 2, 7이 반복된다.

029 C
다른 보기는 그림을 이루는 직선 개수가 홀수로 구성되어 있다.

030 E와 I

031 (17 − 9 − 5) × 3 = 9

032 33
O = 5, ＊ = 8, ✓ = 12,
‡ = 13

033 15
각 사각형의 왼쪽 위 꼭짓점에 있는 숫자에 시계 방향을 따라 차례대로 2, 3, 4, 5를 곱한다. 마지막 숫자를 사각형 안에 넣는다. 따라서 물음표에 들어갈 숫자는 3 × 5 = 15이다.

034 A
머리카락과 얼굴 그림이 규칙에 각각 적용된다. 얼굴 그림 하나를 더하고, 다음에는 머리카락 하나와 얼굴 그림 하나를 더하고, 그다음 머리카락 하나를 더하고, 다음에 머리카락 하나와 얼굴 그림을 더하는 규칙을 반복한다. 정리하면 얼굴 그림 +1, 머리카락과 얼굴 그림 +1, 머리카락 +1, 머리카락과 얼굴 그림 +1의 규칙을 따른다.

따라서 다음에 올 그림은 제시된 마지막 순서 그림에 머리카락 하나를 더할 차례이므로 답은 A이다.

035 **5개**

◖ = 2, ☁ = 3, ☀ = 4

036 **14**

각 변의 색이 나타내는 숫자를 모두 더하고, 그 값을 옆에 있는 삼각형의 값과 서로 바꿔 넣는다.

따라서 ╱ = 3, ╱ = 4, ╱ = 5, ╱ = 6 이므로 물음표 자리에 들어갈 숫자는 6+3+5=14이다.

037

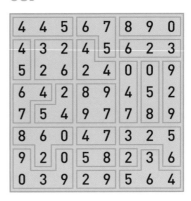

038 **23**

X = 5, Z = 6, ♥ = 7, □ = 9

039 **2**

얼굴을 이루는 각 요소의 개수를 숫자로 바꾸고, 맨 위 꼭짓점의 숫자와 오른쪽 아래 꼭짓점의 숫자를 곱한 뒤 왼쪽 아래 꼭짓점의 숫자로 나눈 수를 삼각형 안에 넣는 규칙이다. 예를 들어 첫 번째 삼각형에서는 맨 위 그림을 숫자로 바꾸면 5, 오른쪽 아래 그림은 9이며 왼쪽 아래 그림은 3이 된다. 따라서 5×9÷3=15가 삼각형 안에 들어간다. 이 규칙을 문제의 삼각형에 적용하면 3×6÷9=2가 되므로 물음표 자리에는 9가 들어가야 한다.

040   B
B는 선 하나를 더 그으면 색칠된 직사각형과 직각으로 교차하는 직사각형 및 그에 인접한 삼각형을 만들 수 있는 유일한 보기다.

041   27 또는 729
원 안에 있는 숫자들은 숫자가 1씩 늘어나고, 숫자를 건너뛰며 세제곱되는 규칙이 있다. 예를 들어 4, 5^3, 6, 7^3, 8…이 된다.

즉 물음표 자리에 들어갈 수 있는 숫자는 이 규칙의 처음 수 또는 마지막 수이다. 따라서 정답은 3의 세제곱수인 27 또는 9의 세제곱수인 729이다.

042
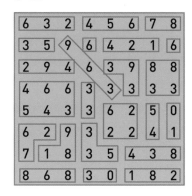

043   7
■ = 2, ▨ = 3, ▨ = 4,
■ = 5, □ = 7

044   K와 O

045   29
사각형의 모서리 칸에 있는 숫자를 더하고, 시계 방향으로 모서리 사이에 있는 칸에 더한 숫자를 넣는다. 예를 들어, 왼쪽 위 모서리 칸의 24와 오른쪽 위 모서리 칸의 21을 더한 값인 45를 시계 방향으로 다음 칸인 21과 17 사이에 넣는다. 따라서 물음표 자리에는 왼쪽 아래 모서리 칸의 5와 왼쪽 위 모서리 칸의 24를 더한 값이 들어가야 하므로 답은 5+24=29이다.

046 15

다른 숫자들은 모두 소수다.

047 D

가장 왼쪽 열에 있는 세 개의 칸부터 각각 오른쪽으로 이동하면서 도형을 이루는 선의 수가 하나씩 늘어난다. 예를 들어 가장 왼쪽 위 칸에 있는 도형의 선 개수는 5개, 그 옆에 있는 칸은 6개, 그 다음 칸은 7개다.

따라서 물음표 자리에 들어갈 도형의 선 개수는 그 줄의 가장 왼쪽 칸부터 차례대로 4개, 5개이므로 6개를 이루어야 한다. 보기 중 도형의 선 개수가 6개인 것은 D이다.

048 40

✳ = 7, ✔ = 8, ◯ = 11,

‡ = 14

049 {(9 − 3) × 4 + 19 − 8} ÷ 5 + 4 = 11

050 2

각 조각의 바깥쪽에 있는 두 색깔 중 큰 수에서 작은 수를 뺀 숫자를 시계 방향으로 다음 조각 안쪽에 넣는다.

따라서 ● = 1, ● = 2, ● = 3, ● = 4, ● = 5, ● = 6이 되며, 물음표 자리에 들어갈 숫자는 5 − 3 = 2이다.

051 I와 K

052 B

정사각형은 원이 되고, 원은 삼각형이 되며, 삼각형은 정사각형이 된다. 각 도형의 색은 바뀔 수 있지만 놓인 위치와 순서는 그대로 유지된다.

리 더한다.

따라서 ■■ = 6, ▭ = 7, ■■ = 10,
▭ = 12이므로 물음표 자리에 들어갈
숫자는 (10 − 7)+(12 − 7)+(10 − 7)+(12 −
6)=17이다.

053 84톤

A의 시간과 B의 분을 곱해 C의 무게
를 구한 다음, B의 시간과 C의 분을 곱
해 D의 무게를 구한다. 같은 규칙으로
C의 시간과 D의 분을 곱해 E의 무게를
구하고, D의 시간과 E의 분을 곱해 A의
무게를 구한다.

따라서 트랙터 A가 모은 감자의 무게
는 7×12=84톤이다.

057 2개

가로 또는 세로로 한 줄에 있는 주사위
3개의 점 개수를 더하면 모두 14가 된다.
물음표 자리에 있는 가로줄과 세로줄의
점은 12개이므로 주사위에는 두 개의 점
이 찍혀 있어야 한다.

054 B

B를 제외한 모든 보기는 수직선과 수
평선의 수가 다르다.

058

♠ = 2, ♣ = 4, ♦ = 6,
♥ = 8

055 C

059 B

B를 제외한 가방은 십의 자리 숫자와 일
의 자리 숫자를 더한 값이 각각 6으로 모
두 같다.

056 17

각 정사각형의 위쪽에서 아래쪽 색을
뺀 뒤 같은 줄에 있는 정사각형의 값끼

060 B

도형은 시계 반대 방향으로 90도씩 회전한다. 또한 짝수 번째로 회전할 때마다 위쪽과 오른쪽 화살표의 좌우 방향이 바뀐다.

061 410

410을 제외한 다른 숫자는 모두 처음 두 자릿수의 합이 세 번째 자릿수와 같다.

062 보라색

각 조각의 바깥쪽 두 색의 값을 더해 그 값에 해당하는 색을 마주 보는 조각 안쪽에 넣는다.

따라서 ● = 1, ● = 2, ● = 3, ● = 4, ● = 5, ● = 6, ● = 7 이며, 물음표에 들어갈 색은 5+1=6이므로 보라색이다.

063 B

064 12

원 A와 C의 같은 곳에 있는 조각의 값을 더해 원 B의 마주 보는 곳에 있는 조각에 넣는다.

따라서 원 A와 C에서 물음표 자리와 마주 보는 곳에 있는 조각의 값을 더하면 9+3=12이다.

065 뒤로, 뒤로, 앞으로, 뒤로.

11시 15분에서 차례대로 45분 뒤로, 8시간 30분 뒤로, 5시간 15분 앞으로, 30분 뒤로 가면 6시 45분이 된다.

066

그림에 차례로 선이 추가된다. 선이 추가되는 규칙은 순서대로 +1, +2, +3, -2, -1, +1, +2, +3…을 반복한다. 이

때 선이 짝수인 그림은 위아래가 뒤집힌다.

067 C
다른 모든 보기는 같은 도형이 각각 짝수로 배치되어 있지만, C는 마름모 개수가 5개로 홀수다.

068 B
도형은 가상의 중앙 수평선을 따라 접힌다. 이때 빨간색 그림이 주황색 그림을 위에서 덮는다.

069 10
각 변의 색이 나타내는 숫자를 모두 더하면 삼각형 안의 숫자가 된다.
　따라서 ╱=2, ╱=3, ╱=5, ╱=6 이므로 물음표 자리에 들어갈 숫자는 5+3+2=10이다.

070 23개

071 B

072

비늘 개수는 차례대로 +2, +3, −1을 반복한다. 이때 비늘이 짝수인 물고기는 머리 방향이 오른쪽으로 바뀐다.

073 B
14개의 선으로 이루어져 있다. 나머지 보기는 모두 13개의 선으로 이루어져 있다.

074 노란색

각 조각의 바깥쪽 두 색 중 큰 값에서 작은 값을 뺀 숫자를 나타내는 색을 시계 방향으로 다음 조각 안쪽에 넣는다.

따라서 ● = 2, ○ = 3, ● = 4, ● = 5, ● = 6, ● = 7, ● = 8 이 되며, 물음표 자리에 들어갈 색깔은 6 − 3=3이므로 노란색이다.

075 C와 K

076 C

곡선 부분은 직선으로, 직선 부분은 곡선으로 변한다.

077 A

같은 순서에서는 원의 크기가 커질수록 X의 개수가 하나씩 늘어나며, 다음 순서로 이동할 때 각각 하나씩 추가로 늘어난다. 이때 각 원의 마지막 X와 첫 번째 X가 같은 직선상에 있다.

078 4

$\{(6 \times 5 - 21 + 7) \div 4 + 13 - 5\} \div 2 = 6$

079 B

나머지 보기는 모두 같은 그림을 회전시킨 것이다.

080 A와 F

081 8

모든 시계의 시침과 분침이 가리키는 수의 합은 130이다.

4번 시계에서는 13 − 5(분침)=8(시침)이므로 시침은 8시를 가리켜야 한다.

082 21

← = 12, ✳ = 9, ♥ = 3, % = 5, @ = 7

083 A

세 개의 도형은 차례대로 안에 같은 모양의 도형이 하나씩 생긴다. 이 도형은 세 개가 될 때까지 늘어나고 세 개가 되면 다시 하나로 돌아간다. 또한 도형이 한 개가 되는 차례에서는 도형의 좌우가 바뀌지 않는다.

이 규칙에 따르면 가장 위는 좌우가 바뀐 두 개짜리 도형, 가운데는 하나의 도형, 가장 아래는 좌우가 바뀐 세 개짜리 도형이 되므로 답은 A이다.

084 14

각 선의 색이 나타내는 숫자를 모두 더하면 삼각형 안의 숫자가 된다.

따라서 ╱=2, ╱=3, ╱=5, ╱=6 이므로 물음표 자리에 들어갈 숫자는 6+5+3=14이다.

085 D

다른 보기의 도형은 모두 대칭이 될 수 있다.

086 D

각 칸의 숫자가 홀수라면 3을 더하고, 짝수라면 2를 뺀다.

087 E와 O

088 5

각 조각에 있는 두 숫자를 더한 값의 각 자릿수를 더해 시계 방향으로 다음 자리에 넣는다.

따라서 물음표 자리에 들어갈 숫자는 13+1=14, 1+4=5이다.

089 D

첫 번째와 두 번째 줄이 번갈아 가며 나온다. 이때 각 줄의 다음 차례에서 도형이 화살표 방향을 따라 두 칸씩 이동한다.

090 16개

왼쪽 위 숫자를 2로 나누고 오른쪽 위 숫자에 3을 곱한다. 두 개의 결과를 서로 곱한 숫자를 아래 사각형에 넣는다.

따라서 물음표 자리에 들어갈 숫자는 $(12 \div 2) \times (4 \times 3) = 72$이다.

092 C

다른 보기 안에 있는 도형은 모두 대칭이다. C에는 대칭이 되지 않는 도형이 하나 있다.

093 32

다른 모든 숫자들은 숫자가 뒤바뀐 짝이 있다. 예를 들어 45와 54, 21과 12 등이다. 이 규칙에 따라 짝을 맞추면 남는 숫자는 23이므로 물음표 자리에 들어갈 숫자는 23의 숫자를 뒤바꾼 32이다.

094 C

원과 직사각형이 서로 자리를 바꾸며,

앞 도형에서 나란히 놓인 세 개의 원이 사라진다.

095 B

096

위 패턴이 아래 순서대로 반복된다.

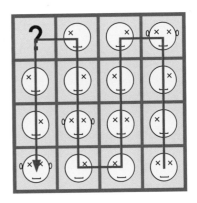

097 B

안에 있는 도형의 선이 1개씩 늘어나는 규칙이다. 도형의 개수는 규칙과 상관이 없다. 따라서 B에 들어가는 도형은 선이 2개여야 한다.

098 6

조각 바깥쪽에 있는 두 색을 더한 숫자를 마주 보는 조각 안쪽에 넣는다.

따라서 ⚪ = 1, 🔴 = 3, 🔴 = 4, 🔴 = 5, ⚫ = 6, ⚫ = 9이므로 물음표 자리에 들어갈 숫자는 3+3=6이다.

099 56

왼쪽 위 숫자의 $\frac{2}{3}$를 오른쪽 위 숫자의 2배 값으로 곱해 아래 칸에 넣는다.

따라서 물음표 자리에 들어갈 숫자는 $(3 \times \frac{2}{3}) \times (14 \times 2) = 56$이다.

100 D와 E

101 10

각 조각 외곽에 있는 두 숫자를 곱하고, 그 값을 각 조각 바깥에 있는 숫자(1~8)로 나눈 값을 마주 보는 조각의 안쪽에 넣는다.

따라서 물음표 자리에 들어갈 숫자는 $5 \times 12 \div 6 = 10$이다.

102 8

규칙은 위 그림과 같다. 그림을 가운데 네 칸의 정사각형과 그 주변을 둘러싼 열두 칸으로 나눠 생각한다. 가장 왼쪽 위 칸의 3부터 시계 방향으로 세 숫자를 더하고, 더한 숫자를 가운데 네 칸짜리 정사각형의 가장 왼쪽 위에 넣는다. 나머지도 같은 규칙에 따라 차례대로 계산해 해당되는 정사각형의 칸에 넣는다.

따라서 물음표 자리에 들어갈 숫자는 맨 왼쪽 아랫칸의 1부터 위로 두 숫자를 더하면 되므로 1+3+4=8이다.

103 D

줄무늬는 시계 방향으로 1칸, 2칸, 3칸, 4칸씩 이동하는 규칙을 반복한다. 이때 2칸과 4칸씩 움직일 때마다 줄무늬의 좌우가 바뀐다. 점은 시계 방향으로 2칸, 시계 반대 방향으로 1칸씩 번갈아가며 움직인다.

104 C

A와 D, 그리고 B와 E는 서로가 뒤집혀 회전된 도형으로 짝을 이룬다. C는 다른 도형을 뒤집거나 회전시켜도 만들 수 없는 도형이다.

105 141

106 A

107 D

도형 속 그림들의 위치가 180도 회전한다.

108 ⬜

점은 정사각형을 중심으로 시계 방향으로 90도씩 움직이며, 가장 오른쪽 위 칸에서 시작해 시계 반대 방향으로 진행된다.

109 C

C를 제외한 다른 보기는 색깔의 영어 이름(green, orange, red, yellow, pink, purple) 첫 글자를 차례대로 배열하면 뜻이 있는 단어를 형성한다.

A : gory(피투성이의)

B : poor(가난한)

D : prop(받침대)

E : orgy(잔치, 의식)

왼쪽 물음표부터 차례대로 57, 71, 53, 45

각 직사각형에 있는 숫자 중 위쪽 두 개의 숫자를 곱한 값과 아래쪽 숫자를 곱한 값을 더한다. 그다음 직사각형의 색깔에 따라 더하거나 뺀다. 파란색은 +3, 노란색은 +5, 빨간색은 −4, 하늘색은 −5이다.

따라서 첫 번째 물음표는
$(6 \times 7)+(3 \times 4)+3=57$
두 번째 물음표는
$(5 \times 9)+(6 \times 5)-4=71$
세 번째 물음표는
$(2 \times 3)+(7 \times 6)+5=53$
네 번째 물음표는
$(8 \times 4)+(3 \times 6)-5=45$

111 **96**

■ = 2, ■ = 3, ■ = 4, ■ = 5
이다. 따라서 해당 줄의 숫자를 모두 더하면 56, 색깔을 모두 더하면 40이므로 물음표 자리에 들어갈 숫자는 56+40=96이다.

112 **20**

그림의 숫자는 왼손×오른손÷허리=머리, 왼발×오른발÷허리=머리의 규칙을 따른다. 이 중 두 번째 식을 활용하면 28×?÷5=112이므로 물음표 자리에 들어갈 숫자는 20이 된다.

113 **B와 E**

114 **14개**

파란 점이 규칙적으로 같은 모양의 패턴을 이루고 있다.

115 D

다른 보기는 모두 왼쪽 숫자+(가운데 숫자×오른쪽 숫자)=위쪽 숫자+(가운데 숫자×아래쪽 숫자)의 규칙을 따른다. 그러나 D는 두 값이 26과 25로 서로 다르다.

116 A

한 정사각형 안에 있는 모든 도형의 선 개수가 2씩 증가한다. 따라서 다음 정사각형에 들어갈 모든 도형의 선 개수는 20개여야 하므로 이 조건을 만족하는 보기는 A이다.

117 8시 20분

분침과 시침이 가리키는 숫자는 두 배 차이가 난다. 이 중 낮은 숫자가 1씩 앞으로 이동하며, 분침과 시침은 매번 서로 바뀐다.

118 90

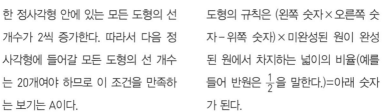

■ = 12, ■ = 17, ■ = 25,
■ = 36

119 ⬤

도형의 규칙은 (왼쪽 숫자×오른쪽 숫자−위쪽 숫자)×미완성된 원이 완성된 원에서 차지하는 넓이의 비율(예를 들어 반원은 $\frac{1}{2}$을 말한다.)=아래 숫자가 된다.

이 규칙에 따르면 첫 번째 도형에서는 $(4 \times 9 - 8) \times \frac{1}{2} = 14$이다. 따라서 $(9 \times 3 - 11) \times ? = 16$이므로 물음표 자리에는 1, 즉 완전한 원 모양이 들어가야 한다.

120 E

얼굴 그림 안에 곡선을 포함하지 않는다.

121 C

각 도형이 2개의 선을 더한 도형으로 바뀌며, 도형의 위아래 순서가 반대로 바뀐다.

122

조각 1과 1a, 2와 2a, 3과 3a, 4와 4a를 각각 짝으로 생각한다. 예를 들면 조각 1에 있는 가장 바깥쪽 도형부터 조각 1a에 있는 가장 바깥쪽 도형까지 도형 4개가 일렬로 나열되어 있다. 나머지 짝도 이와 같이 순서대로 배치되어 있다.

두 점은 각각 한 칸씩 그림의 화살표 방향을 따라 이동한다.

123 20

두 원이 겹친 부분에 있는 숫자를 구하는 규칙은 다음과 같다.

① 두 원에 있는 숫자가 둘 다 홀수일 경우 두 숫자를 더해서 겹치는 부분에 넣는다.
② 두 원에 있는 숫자가 둘 다 짝수일 경우 두 숫자를 곱해서 겹치는 부분에 넣는다.
③ 두 원에 있는 숫자 중 하나가 홀수이고 다른 하나가 짝수일 경우 큰 수에서 작은 수를 빼서 겹치는 부분에 넣는다.

따라서 물음표 자리에 들어갈 숫자는 13+7=20이다.

124 7

각 조각의 바깥쪽에 있는 두 숫자를 곱한 후 2로 나눈 숫자를 시계 방향으로 두 칸 떨어진 조각 안쪽에 넣는다.
따라서 물음표 자리에 들어갈 숫자는 2×7÷2=7이다.

125 분홍색

다른 모든 색상은 원색(빨간색, 노란색, 파란색)이나 2차 색(원색 두 가지를 섞은 색)이다. 분홍색은 그 외의 색이다.

126

위 패턴이 가장 왼쪽 위 칸부터 시계 방향으로 진행된다.

127

D	3
F	7

가장 오른쪽 위 칸의 5에서 시작해 가장 왼쪽 아래를 잇는 대각선을 따라 지그재그로 5, F, 4, G, 3, H, 2, I, 1, E, 6, D, 7, C, 8, B, 9, A의 18개 문자와 숫자로 이루어진 패턴이 반복된다.

128 C와 F

129 E

모든 막대의 위아래가 뒤집힌다. 가장 긴 막대는 색이 바뀐다. 중간 길이의 막대와 가장 짧은 막대는 머리 부분의 도형과 색이 바뀐다.

130 위쪽 원 : 625, 아래쪽 원 : 5

위쪽 원에 있는 한 자리와 두 자리 숫자를 세제곱한 값이 아래쪽 원에 있고, 아래쪽 원에 있는 한 자리와 두 자리 숫자를 제곱한 값이 위쪽 원에 있어 서로 짝을 이룬다. 예를 들어 위쪽 원에 있는 7, 9, 13을 세제곱한 값이 아래쪽 원에 있고, 아래쪽 원에 있는 18, 26, 54를 제곱한 값이 위쪽 원에 있다. 따라서 아래쪽 원에 있는 5를 제곱한 값이 위쪽 원에 들어가야 하지만 625는 5를 네제곱한 값이므로 서로 짝을 이룰 수 없다.

옮긴이 이은경

광운대학교 영문학과를 졸업했으며, 저작권 에이전시에서 에이전트로 근무했다. 현재 번역에이전시 엔터스코리아에서 출판 기획 및 전문 번역가로 활동하고 있다. 옮긴 책으로는《멘사퍼즐 아이큐게임》《멘사퍼즐 추론게임》《수학올림피아드의 천재들》《세상의 모든 사기꾼들 : 다른 사람을 속이며 살았던 이들의 파란만장한 이야기》등 다수가 있다.

멘사퍼즐 두뇌게임
IQ 148을 위한

1판 1쇄 펴낸 날 2020년 7월 10일
1판 2쇄 펴낸 날 2023년 6월 30일

지은이 존 브렘너
옮긴이 이은경

펴낸이 박윤태
펴낸곳 보누스
등 록 2001년 8월 17일 제313-2002-179호
주 소 서울시 마포구 동교로12안길 31 보누스 4층
전 화 02-333-3114
팩 스 02-3143-3254
이메일 bonus@bonusbook.co.kr

ISBN 978-89-6494-447-9 04410

• 책값은 뒤표지에 있습니다.

멘사 논리 퍼즐
필립 카터 외 지음 | 250면

멘사 문제해결력 퍼즐
존 브렘너 지음 | 272면

멘사 사고력 퍼즐
켄 러셀 외 지음 | 240면

멘사 사고력 퍼즐 프리미어
존 브렘너 외 지음 | 228면

멘사 수학 퍼즐
해럴드 게일 지음 | 272면

멘사 수학 퍼즐 디스커버리
데이브 채턴 외 지음 | 224면

멘사 수학 퍼즐 프리미어
피터 그라바추크 지음 | 288면

멘사 시각 퍼즐
존 브렘너 외 지음 | 248면

멘사 아이큐 테스트
해럴드 게일 외 지음 | 260면

멘사 아이큐 테스트 실전편

조세핀 풀턴 지음 | 344면

멘사 추리 퍼즐 1

데이브 채턴 외 지음 | 212면

멘사 추리 퍼즐 2

폴 슬론 외 지음 | 244면

멘사 추리 퍼즐 3

폴 슬론 외 지음 | 212면

멘사 추리 퍼즐 4

폴 슬론 외 지음 | 212면

멘사 탐구력 퍼즐

로버트 앨런 지음 | 252면

멘사퍼즐 논리게임

브리티시 멘사 지음 | 248면

멘사퍼즐 사고력게임

팀 데도풀로스 지음 | 248면

멘사퍼즐 아이큐게임

개러스 무어 지음 | 248면

멘사퍼즐 추론게임

그레이엄 존스 지음 | 248면

멘사퍼즐 두뇌게임

존 브렘너 지음 | 200면

멘사퍼즐 수학게임

로버트 앨런 지음 | 200면

멘사퍼즐 숫자게임
브리티시 멘사 지음 | 256면

멘사퍼즐 로직게임
브리티시 멘사 지음 | 256면

멘사코리아 사고력 트레이닝
멘사코리아 퍼즐위원회 지음 | 244면

멘사코리아 수학 트레이닝
멘사코리아 퍼즐위원회 지음 | 240면

멘사코리아 논리 트레이닝
멘사코리아 퍼즐위원회 지음 | 240면

멘사 지식 퀴즈 1000
브리티시 멘사 지음 | 464면